# 微纳尺度精确调控

王振宇 著

科学出版社

北京

# 内 容 简 介

本书基于微电子、物理、化学、生物等领域微纳尺度的文献及研究成果，对三类微纳调控方法，包括光调控、电调控和生物调控进行了深入分析、归纳和整理，并在现有技术基础上介绍了各领域具备独特性能的新型微纳材料的最新研究进展，力求反映本学科的现代面貌。

本书可供微纳技术研究相关院校师生、生化医学微量检测专业人员、微流控设计研究人员阅读，不仅可为相关领域研究人员提供技术参考，也可为初学者提供入门级指导。

**图书在版编目（CIP）数据**

微纳尺度精确调控 / 王振宇著. —北京：科学出版社，2023.3
ISBN 978-7-03-074864-5

Ⅰ. ①微… Ⅱ. ①王… Ⅲ. ① 纳米技术 Ⅳ. ①TB383

中国国家版本馆 CIP 数据核字（2023）第 025513 号

责任编辑：贾 超 孙静惠 / 责任校对：杜子昂
责任印制：吴兆东 / 封面设计：东方人华

科 学 出 版 社 出版
北京东黄城根北街 16 号
邮政编码：100717
http://www.sciencep.com
北京中石油彩色印刷有限责任公司 印刷
科学出版社发行 各地新华书店经销

\*

2023 年 3 月第 一 版 开本：720 × 1000 1/16
2024 年 1 月第二次印刷 印张：12 3/4
字数：250 000
**定价：98.00 元**
（如有印装质量问题，我社负责调换）

# 前　　言

微纳尺度材料是指外观尺寸或其基本构成单元在 10nm～10μm 之间的材料。由于其性能不能通过外推基于宏观材料的知识体系得到，且传统的力学测试工具和方法无法满足对微纳尺度材料进行测试的要求，因此通常在多场耦合条件下对微纳尺度材料进行测试。这些特性要求研究工作者持续不断地寻找和研发新的工具以实现对微纳尺度材料的可控制备、高通量观测、操控和定量测量。微纳尺度的发展需要综合考虑物理、技术和应用等根本性环节。物理上需要从宏观、介观和微观水平上深入细致地理解微纳材料及其相互作用的各种要素、特性和物理原理；技术上需要发展材料合成技术以及微纳加工和制造技术；应用上需要综合比较，寻找最优化的方案。

微纳技术在我国占有很重要的地位。目前，我国依据国情确立的微纳技术的未来主要发展方向包括机械制造、材料合成、自动化控制、尖端物理、电工电子、有机化学、医疗卫生等领域。其中电工电子领域由于微纳技术的使用，在微电子控制技术、微机电系统、纳米机电系统等诸多领域已取得实质性的进步，大规模集成电路发展迅速；生物医学领域由于微纳技术的使用，不仅改变了以往的治疗手段，使得治疗效果达到了"快、准、稳"的目的，而且由于微纳技术在医学领域的巨大使用空间和逐渐显露的优势，精密医学已是现代生物医学发展的重要方向；尖端物理方面，无论是重大的物理发现，还是量子卫星等世界一流航天器的发明制造，都和微纳技术有着密不可分的关系。

本书通过对微纳调控技术最新研究进展的总结，整理出三类调控方法，包括光调控、电调控和生物调控。其中，光调控方法——光镊基于光对照射物体产生压力的性质，利用光辐射压力，以非机械接触的方式挟持或操控微小粒子；电调控方法——介电泳基于电介质粒子在非均匀电场下的极化效应特性，结合微通道设计分路达到调控目的；生物调控方法——自组装调控是基于微结构单元自发形成有序结构的性质，结合有效结构设计加快重组进程进而实现调控；总之光调控技术、电调控技术及生物调控技术可以实现对微粒、细胞的无损分离、捕获、操控、分析。利用微纳技术结合化学试剂反应可制造各种形态的纳米材料，包括纳米颗粒、量子点与纳米孔，并将其应用在生物医药分析领域。而随着微纳尺度的发展，许多材料的新型性能由此发展，例如，压电材料受到压力可产生电压；光学超构材料是亚波长功能单元组成的新型人工结构材料，具有新颖光学特性；电子仅可在两个维度的纳米尺度上自由运动的材料为二维材料，通过微纳技术制备合成并广泛应用在精密度要求高的领域。

由于时间仓促，作者水平有限，书中难免有不当之处，敬请读者批评指正。

王振宇

2023 年 3 月

# 目　　录

## 下篇　微纳尺度新型材料

# 第 1 章 绪 论

微纳技术是制造和构建尺寸从纳米到微米系统的技术。这些技术的进步创造了许多跨学科研究机会，并应用于从纳米医学到空间系统的各个领域。经过几十年的发展，形成了微纳技术的知识库。它来源于每一项研究成果，包括设计和仿真、制造、封装和组装、设备和系统技术，以及在不同领域的应用[1]。

随着第五代移动通信技术（5G）的快速发展，微纳技术、微机电系统/纳米机电系统和未来传感器在日常生活中提供信息方面发挥着越来越重要的作用，未来的第六代移动通信技术（6G）和触觉互联网（TI）模式设想的实现也依赖于微纳技术的突破。随着微纳技术的发展，新型微纳材料不断被研发出来，这些材料既可制造刚性基板，也可实现柔性材料，其中柔性材料被认为是下一代可穿戴或多功能传感器的一个重要发展方向。人工智能（AI）和虚拟现实（VR）技术的最终实现都需要基于微纳技术、微纳材料的发展。对于国家、政府来说，微纳技术是潜在的经济引擎，已逐渐成为国家就业和财富创造的基础[2, 3]。

## 1.1 微 纳 简 介

20 世纪 50 年代开始，宏观制造与研究已无法满足研究人员的科技需求。从 1959 年 Richard Feyman 提出"一个原子一个原子地制造物品的可能性"开始，微纳尺度的研究逐渐深入并对人类社会产生巨大影响。1959 年 Richard Feyman 使用半导体材料将实验室用的机械系统微型化，从而造就了世界上首个微电子机械系统（micro-electro mechanical system，MEMS，又称微机电系统）。纳电子机械系统（nano-electro mechanical system，NEMS，又称纳米机电系统）作为未来 MEMS 传感器发展趋势之一，于 20 世纪 90 年代首次提出。微纳技术由此开始蓬勃发展[4-6]。

从开始探索"微"领域起，"微"制造技术从尺度上可以分为三种技术：半导体微制造、微机电系统和纳米技术。最初的半导体微加工只是电气工程师手工打造尽可能小的结构；到微机电系统出现，更强调的是机械工程师的技能；而纳米尺度的操作则需融合材料、化学工程和物理学科多领域的知识技能。

"微纳"从制造尺度方面来说包含微机电系统技术和纳米技术。微机电系统技术依赖于电气和机械设计师技能，同时与生物学家、化学家、物理学家、材料科学家和工程师等进行交互,基于光刻工艺共同打造更多层的三维微结构。纳米技术是在半导体微制造和微机电系统基础上发展研制的,更多专注于材料、流体、光学和生物系统等。纳米技术可分为"自上而下的纳米技术"和"自下而上的纳米技术",前者是微加工光刻系统在纳米范围内的直接延伸,后者更多的是基于材料的原子创造系统。

作为微纳技术最主要研究领域之一的微流控技术,是微纳技术与流体力学结合的产物,其设计、研发、制造过程直接体现了微纳技术的设计、应用流程,下节具体阐释。

# 1.2  微 流 控

微流控既是研究流体通过微通道的行为的科学,也是制造针对微量流体进行控制的系统技术。它属于一种底层技术,交织着化学、流体物理、微电子、新材料等多门学科知识,从理论上说任何流体参与的实验,都应有微流控技术的一席之地。

微流控芯片(microfluidic chip)又称为芯片实验室(lab on a chip),是微流控技术实现的主要平台和技术装置,最大的特点是一个芯片可以实现多功能集成体系和数目众多的复合体系,是指把生物、化学、医学分析过程的样品制备、反应、分离、检测等基本操作单元集成到一块微米尺度的芯片上,自动完成分析全过程。具体来说,通过 MEMS 技术在固体芯片表面构建微型生物化学分析系统,从而实现对无机离子、有机物质、蛋白质、核酸以及其他特定目标对象的快速、准确的处理和检测。它将需要在实验室进行的样品处理、生化反应和结果检测等关键步骤都汇聚到了一张小小的芯片上进行,故又称为芯片实验室。

微流控由于在生物、化学、医学等领域的巨大潜力,已经发展成为一个生物、化学、医学、流体、电子、材料、机械等学科交叉的崭新研究领域。

## 1.2.1  理论分析

宏观层次上,流体被假设为连续介质,运动满足质量守恒、能量守恒和动量守恒,计算上通过离散将方程组离散成各种代数方程组,如有限差分法、有限容积法、有限元法、有限分析法、边界元法、谱方法。宏观上可利用软件 COMSOL 并采用有限元法求解纳维-斯托克斯(Navier-Stokes,NS)方程[方程(1.1)]模拟流道中粒子的运动,分析受限流情况下流体对粒子的非线性影响机理[7, 8]。

$$\frac{\partial V}{\partial t} + (V \cdot \nabla)V = f - \frac{1}{\rho}\nabla p + \frac{\mu}{\rho}\nabla^2 V \tag{1.1}$$

式中，$\rho$ 为流体密度；$t$ 为时间；$V$ 为速度矢量；$p$ 为流体压力；$\mu$ 为流体动力黏度；$f$ 为单位体积流体受的外力。

介观或微观层次，流体不再被假设为连续介质：微观层面上流体由大量的离散分子组成，如分子动力学模拟；介观层面上流体被离散成一系列的流体粒子（微团），常见的模拟方法有格子气自动机方法、格子玻尔兹曼方法（lattice Boltzmann method，LBM）以及分子动力学（molecular dynamics，MD）方法。

LBM 由于方法不受连续介质假设和计算对象几何复杂度的限制，在微尺度粒子流体体系的研究方面备受瞩目。LBM 方法中除了流体被离散成流体粒子外，物理区域也被离散成一系列的格子，时间被离散成一系列的步长。描述流体粒子运动的方程称为玻尔兹曼方程或相应的离散形式。与基于流体连续假设的传统建模思想不同，LBM 方法将流体抽象为大量微观粒子的集合体。这些流体粒子在离散的格子上按一定规则进行迁移和碰撞演化。流体粒子演化规则由玻尔兹曼动力学方程的 BGK 近似形式描述：

$$\frac{\partial f}{\partial t} + \xi \cdot \nabla f + a \cdot \nabla_\xi f = -\frac{1}{\tau_c}(f - f^{eq}) \tag{1.2}$$

式中，$f$ 为速度为 $\xi$ 的粒子在时空（$x$，$t$）上的分布函数；$a$ 为流体粒子的加速度；$\tau_c$ 为流体粒子松弛时间；$f^{eq}$ 为麦克斯韦局部平衡分布函数。

分子动力学已被证明是研究纳米颗粒相互作用的可靠方法，可以实现微流体流动传热时与真实壁面相互作用的讨论，并通过改变流体与壁面相互作用的势能参数来映射出不同的壁面浸润性。分子动力学模拟中假设系统所有粒子的运动遵循经典牛顿运动定律而忽略量子效应和相对论效应。因此其最基本的运动方程就是牛顿第二定律：

$$m_i \frac{\partial^2 r_i}{\partial t^2} = F_i, \quad i = 1, \cdots, N \tag{1.3}$$

式中，$F_i$ 为粒子 $i$ 方向的受力；$N$ 为系统内的粒子数量。系统粒子可以等效成质量为 $m$ 的球形颗粒。

此时假定系统是由 $N$ 个粒子组成的，求解该系统需要 $3N$ 个二阶常微分方程。从式（1.3）可知牛顿第二定律描述了力、质量和加速度的关系。而系统的力通常是以势能函数的形式给出的，所以需要引入拉格朗日方程。对于由 $N$ 个粒子组成的约束理想完整的保守系统，其在直角坐标系下的拉格朗日方程为

$$\frac{d}{dt}\left(\frac{\partial L}{\partial r_i}\right) - \frac{\partial L}{\partial r_i} = 0, \quad i = 1, \cdots, N \tag{1.4}$$

此时拉格朗日函数可以写成动势差的形式，即

$$L(r_j, r_i, t) = E_k(r_i) - U(r_i) \tag{1.5}$$

式中，$E_k$ 表示动能；$U$ 表示势能。系统粒子可以等效成质量为 $m$ 的球形颗粒。

对于微流控器件，宏观上可用 NS 方程模拟微流体流动。基于对 NS 方程求解而实现对流动的模拟，模拟中往往将粒子当成质点处理，忽略粒子的体积效应对流动的影响，从而会导致模拟结果往往与实际偏差较大。介观和微介观层次上主要用 LBM 方法或 MD 方法模拟流道中粒子运动，这样的求解更加准确，现已被广泛用于多组分多相流、化学反应流、气固两相流等的研究[9]。

## 1.2.2　技术研究

### 1. 金属

金属是微流控技术中常用的材料。它们通常被用作光刻掩模上的吸收材料（铬、金）或电镀材料（金、铜和镍）或用于聚合物复制的成型工具。其中一些材料与微流控应用相关，但很少作为微流控芯片本身的材料。金是一种重要的电极材料，经常用于电化学检测，如阻抗谱和表面声波等。由于微流控技术目前主要集中在生物化学、生物医学和生物应用领域，因此要求材料表现出较高的生物相容性，这对于最方便加工的金属（如铬或铜）来说是一个难题。贵金属（如金或铂）原则上适用于这类应用，但成本高或缺乏光学透明度等缺点普遍存在[10]。

### 2. 玻璃和硅

硅是第一种应用于微流控的材料。这起源于微电子学，而微流控是由微电子学发展而来的。硅、二氧化硅和氮化硅通常被认为具有良好的生物相容性。与未经处理的硅相比，氮化硅和氧化硅表现出较少的生物污染，这可能表明材料允许生物膜沉降和增殖的趋势受到限制。硅是 MEMS 技术中一种方便加工的材料。在结构上，它通常是通过光刻掩模制作和随后的刻蚀来加工的。几个世纪以来，刻蚀技术一直被用来构造晶体。硅通常是通过试剂，如肼或氢氧化钾（KOH）的水溶液来刻蚀的。而各向异性刻蚀通常采用反应离子刻蚀（RIE）的方法进行。由于过去大多数专注于 MEMS 技术的实验室都有可用的硅加工设备，硅仍然是微流体的常用材料，但主要用于制造复制模具。然而由于缺乏透气性，玻璃和硅都不适合用于细胞培养的微流体系统。同时，由于它们的高刚度，这些材料也不适合创建机械可移动的微流体结构[11]。

### 3. 聚合物

自 20 世纪 90 年代初以来，材料的选择已经从经典材料转向聚合物。这与在生物医学和临床应用中必不可少的廉价的一次性微流体设备需求增加有关。聚合物是适合大规模生产的材料，因为它们不一定需要化学构造过程（如刻蚀），而化学构造过程涉及有害物质，如 HF。在工业应用中，聚合物通常是通过复制技术构造的，主要是注射成型。这个过程允许高吞吐量和相对低成本的生产。使用聚合物的一个明显优势是，具有特定的化学和物理性能（如光学透明度、耐化学性、刚度、临界表面张力等）的材料可以针对特定的目标应用进行选择。用聚合物取代玻璃和硅可以被认为是微流控技术发展中的一个重大突破，是生物和生物化学应用的基础，因为玻璃和硅只有在具有历史的实验室才会使用，且通常用在传统MEMS 加工过程中。尽管这些实验室经常缺乏生物和化学方面的深刻知识和经验，但这些知识和经验在今天是进行微流控特定应用研究的必要条件。聚合物可以通过简单的工艺复制，如在热板上进行热复制，或者用室温固化的双组分材料浇铸。这种创建结构的便捷方式极大地开拓了微流体的研究领域，并为过去十年来科学技术出版物的数量和多样性做出了贡献[12]。

## 1.2.3 微流控芯片的材料去除技术

### 1. 电火花加工

电火花加工（EDM）是 Lazarenko 在 1946 年首次提出的一种加工工艺。这种加工工艺是利用两个不同电荷的导电表面之间的突然放电，通过火花产生局部热区，材料在热区中熔化并最终蒸发的工艺。除了导电材料外，如果电极（通常称为工具）是导电的，而被加工的部分是不导电的，也可以使用电火花加工。该工艺可以在自然条件下使用，但通常是在介质流体中进行，以保证均匀场分布和恒定的介电条件。高电场在这种流体中诱导介电击穿，从而导致引导火花的等离子体通道的形成。电火花加工适用于微米级的钛或金刚石等难加工材料的加工。一般来说，有两种电火花加工工艺可供使用：沉降式电火花加工和线切割电火花加工。电火花加工对于微流控芯片十分重要，因为微流控芯片通常需要化学稳定的微流控结构[13]。

### 2. 激光直接加工

自从 1960 年梅曼首次用红宝石制出激光器以来，激光器已经在科学、工业和日常生活等众多领域得到广泛应用。在工业上，激光通常用于直接加工制造结构。激光加工是材料吸收激光光子，从而使材料温度升高，最终蒸发的烧蚀过程。吸收过程是典型的多光子吸收，如果峰值强度足够高，则允许在加工波长处透明的材料烧蚀。玻璃在选定的激光波长下是透明的，但材料内部的非线性高阶吸收过程（如光学击穿）导致大量的能量被暴露的体素吸收，从而允许非常精确的加工。激光直接加工的主要缺点是材料在激光光斑附近再沉积的风险，从而在微流控通道中产生粗糙表面。通过精确调整加工参数可以减少再沉积，这是一个针对设备和材料的优化过程。激光消融是一个连续的过程，但由于高激光强度和高扫描率，处理一个微流控芯片通常可以在几分钟内完成。一般来说，激光加工被认为是一种适合大规模生产的工艺，包括各种材料，如金属、陶瓷、玻璃和聚合物等。激光消融的另一个优点是，该过程也可以被用于合成聚合物和金属消融在微流控装置中的电极。激光加工是材料加工的重要工艺，可用于制造适合于微流控器件注射成型或热压成型的成型工具[14]。

3. 刻蚀技术

刻蚀仍然是构造硅和玻璃等经典材料的主要方法之一。刻蚀技术通常分为干法刻蚀和湿法刻蚀。在干式刻蚀中，衬底通常采用等离子体或粒子束的方法处理，而湿式刻蚀则是将衬底暴露在液体形式的溶剂中。根据所使用的衬底和刻蚀过程的性质，材料去除可以具有首选方向（各向异性刻蚀），也可以在所有方向上均匀地去除材料（各向同性刻蚀）。刻蚀技术自 20 世纪 50 年代以来一直被使用，可以被认为是较早的结构工艺。然而，大多数刻蚀工艺依赖于掩模不应该被处理的产品基板区域。因此，大多数刻蚀工艺是两步制程，只有少数例外。而这些例外中最突出的是聚焦离子束（FIB）刻蚀，它广泛应用于 MEMS 和微流控芯片中[15]。

## 1.2.4 微流控芯片的材料沉积技术

1. 硅表面微加工

硅沉积微加工技术在微流控沉积技术中并不常见。它们通常包括通过化学气相沉积（CVD）工艺沉积薄层牺牲材料（如硅氧化物）和块体材料（如由多晶硅组成）。牺牲层用于支持由多晶硅创建的结构，通常在制造过程后通过刻蚀的方法去除。用这种技术可以制造出悬浮的机械结构或封闭的微流体通道。通过这些技术创建微流控结构通常是一个非常耗时的过程，只有在有合适的硅加工设备的情况下才能进行。然而，对于专门从事硅 MEMS 技术的机构来说，表面微加工是一个可行的替代方案[16]。

2. 光刻

根据抗蚀剂类型的不同，光刻可以被看作是一种材料去除或材料沉积技术。现如今，光刻被认为是 MEMS 最重要的制造策略，特别是与硅结合，利用辐射敏感材料在基片表面产生图案。光刻工艺中常用的是光刻胶，它通常采用旋转涂覆的方法涂成薄层。这一薄层随后通过光掩模暴露在辐射下（通常是紫外线），与在指定溶剂中的基材相比，暴露在辐射下的抗蚀剂区域要么可溶性更强（正抗蚀剂），要么可溶性更弱（负抗蚀剂）。一旦有掩模，光刻就是一个并行过程。因此，该工艺可被认为是高度可扩展的，它只受限于可在一个步骤中加工的基板的大小。没有光刻，微电子学和半导体加工就不会像今天这般具有光明的应用前景。根据掩模的投影方式，光刻分为接触式光刻（掩模直接位于抗蚀剂的顶部，产生最佳投影，但通常会损坏掩模）、近距离光刻（掩模与涂有抗蚀剂的基片间隔一定距离）或投影光刻（使用透镜系统以减小或增大投影特征的尺寸）。另一个重要的方面是所使用的掩模类型，通常是二进制（掩模上的像素要么是透明的，要么不是）或灰度（像素具有一定的从透明到非透明的传输，增量有限）。后者通常称为灰度光刻。常用的光源包括汞蒸气灯和准分子激光器。近年来，以工作波长在 13.5 nm 的等离子体作为光刻机光源的极紫外光刻技术已经能够实现量产[17]。

# 1.3　应　　用

微纳技术已在不同的领域有所应用并引发了该领域的新思考甚至变革。在医学诊断领域，微纳技术作为一系列在微米和纳米尺度设计和操作材料的方法，完美涵盖了包括细胞、细胞器、蛋白质、核酸等生命的关键组成部分，与目前的诊断技术相比具有独特的优势，推动当前的诊断技术升级到下一代体外诊断、微量诊断等[18]。在大功率封装制造领域，大功率、微结构对散热的要求越来越高，微纳技术为其散热问题提供了新的解决方案[19]。在材料制造领域，新型微纳材料可基于应用需求来混合制造改性材料，与传统有机、无机材料相比应用领域更广、实现性能更优良[20]。

本书分为两部分对微纳技术、微纳材料进行介绍。第 1 章对微流控作总体性分析与应用介绍。上篇介绍微纳尺度调控技术：第 2 章介绍光镊技术的原理、操作和应用；第 3 章介绍介电泳的原理、技术和应用；第 4 章介绍自组装的原理、技术、制备。下篇介绍微纳尺度新型材料：第 5 章介绍超疏水材料的原理、制备与应用；第 6 章介绍纳米孔的制备、应用；第 7 章介绍纳米颗粒的原理、制备和应用；第 8 章介绍压电材料的原理、制备、应用；第 9 章介绍光学超构材料的原理、制备与应用；第 10 章介绍二维结构材料的制备和应用。第 11 章对微纳尺度技术进行未来展望。

## 参 考 文 献

[1]　Arshad A，Jabbal M，Yan Y，et al. The micro-/nano-PCMs for thermal energy storage systems：A state of art review[J]. International Journal of Energy Research，2019，43（11）：5572-5620.

[2]　Iannacci J. The WEAF mnecosystem：A perspective of MEMS/NEMS technologies as pillars of future 6G，

super-IoT and tactile internet[J]. IEEE，2021，27（12）：4193-4207.

[3]  Wang X，Chen Z，Xu W，et al. Fluorescence labelling and self-healing microcapsules for detection and repair of surface microcracks in cement matrix[J]. Composites Part B：Engineering，2020，184：107744.

[4]  Kautt M，Walsh S T，Bittner K. Global distribution of micro-nano technology and fabrication centers：A portfolio analysis approach[J]. Technological Forecasting & Social Change，2007，74（9）：1697-1717.

[5]  Iwai H. History of micro-/nano-electronics development：Breakthroughs and innovations[J]. ECS Transactions，2021，102（2）：63-112.

[6]  Cao T，Hu T，Zhao Y. Research status and development trend of MEMS switches：A review[J]. Micromachines（Basel），2020，11（7）：694.

[7]  Duffy D C，McDonald J C，Schueller O J A，et al. Rapid prototyping of microfluidic systems in poly（dimethylsiloxane）[J]. Analytical Chemistry，1998，70（23）：4974-4984.

[8]  Quake S R，Scherer A. From micro- to nanofabrication with soft materials[J]. Science，2000，290（5496）：1536-1540.

[9]  Groisman A，Enzelberger M，Quake S R. Microfluidic memory and control devices[J]. Science，2003，300（5621）：955-958.

[10]  Chen W，Li Y，Li R，et al. Bendable and stretchable microfluidic liquid metal-based filter[J]. IEEE Microwave and Wireless Components Letters，2018，28（3）：203-205.

[11]  Huang C，Ma G，Jou H，et al. Noninvasive prenatal diagnosis of fetal aneuploidy by circulating fetal nucleated red blood cells and extravillous trophoblasts using silicon-based nanostructured microfluidics[J]. New Biotechnology，2017，44：S21-S21.

[12]  杜伯学，孔晓晓，肖萌，等. 高导热聚合物基复合材料研究进展[J]. 电工技术学报，2018，33：3149-3159.

[13]  Cesarotti C，Lu Q，Nakai Y，et al. Interpreting the electron EDM constraint[J]. Journal of High Energy Physics，2019，（5）：1-48.

[14]  曹耀宇，谢飞，张鹏达，等. 双光束超分辨激光直写纳米加工技术[J]. 光电工程，2017，44（12）：1133-1145.

[15]  谢海波，傅新，刘玲，等. 基于玻璃湿法刻蚀的微流控器件加工工艺研究[J]. 机械工程学报，2003，39（11）：123-129.

[16]  王国政，袁云龙，杨超，等. 硅微通道板微加工技术研究[J]. 兵工学报，2018，39（9）：1804-1810.

[17]  张霞，刘宏波，顾文，等. 全球光刻机发展概况以及光刻机装备国产化[J]. 无线互联科技，2018，15（19）：110-118.

[18]  Xu H，Gao M，Tang X，et al. Micro/nano technology for next-generation diagnostics[J]. Small Methods，2020，4（4）：1900506-n/a.

[19]  Hamidnia M，Luo Y，Wang X D. Application of micro/nano technology for thermal management of high power LED packaging：A review[J]. Applied Thermal Engineering，2018，145：637-651.

[20]  Berman D，Krim J. Surface science，MEMS and NEMS：Progress and opportunities for surface science research performed on，or by，microdevices[J]. Progress in Surface Science，2013，88（2）：171-211.

# 上篇  微纳尺度调控技术

# 第 2 章 光 镊

光镊（optical tweezer）技术作为一种新兴的纳米生物技术，是研究自然科学中微观物质的重要技术手段。光镊捕获技术在单细胞的操控方面拥有独特的优势，光镊具有微米级范围定位的能力，能够精准地捕获和操控单个细胞。此外，光镊捕获技术在操作过程中不需要接触细胞，因此整个操作过程甚至可以在完全密封的容器里进行，能够避免细胞在操作中受到污染和损伤。可以预见，随着 21 世纪微流控芯片的飞速发展，光镊技术在单细胞捕获与分析领域将具有广阔的应用前景，有希望成为科学研究必不可少的技术手段之一。

## 2.1 光镊工作原理

光电效应证实了光的粒子性，每个光子都具有动量，可以将光看成光子流。当光照射到物体上时，光子的动量被传递给物体并产生压力，这种压力称为光辐射压力，也就是散射力。光辐射压力对于宏观物体的影响微乎其微，但是当光照射在直径小于 100μm 的微小粒子表面时，就必须考虑光辐射压力的影响。传统机械镊子挟持和操控微小粒子时，镊尖必须接触到粒子并施加压力抓住粒子，实现对微粒进行目标迁移或固定微粒等操控。而光镊不同，光镊是利用光辐射压力，能够以非机械接触的方式捕获或者操控微小粒子。由光镊形成的光为中心的特定区域内的微小粒子，能够像落入陷阱一样自动向光束中心移动，故光镊又称为光阱，该区域称为阱域。如果微小颗粒已经保持在光阱中心，在没有其他外力干扰的情况下，它会被光镊的光束缚住，继续保持在光阱中心，从而实现"镊"的效果。

现如今，用于研究微小颗粒在光阱中光作用力的理论模型主要有射线光学（ray-optics，RO）模型和电磁（electromagnetic，EM）模型。其中，RO 模型通常适用于对尺寸远大于波长的米氏散射区的米氏粒子进行近似定量计算，相反 EM 模型则适用于对尺寸远小于波长的瑞利散射区的瑞利粒子进行近似定量计算。此外，对于尺寸和波长比较相近的球状微粒或者非球状微粒，由于缺乏相应的理论模型，此类微粒在光阱中所受光作用力的定量计算方法仍处于探索阶段。

### 2.1.1　光阱的捕获原理

对于处于光阱中的微小颗粒，其主要受到散射力（scattering force）和梯度力（gradient force）两种光作用力[1]。其中，散射力是在传播过程中，微小颗粒与光子通过动量交换得到的，其传播方向与光束传播方向一致，使得微小颗粒沿着光束的传播方向运动；而梯度力是指在不均匀电磁场内，微小颗粒的电偶极矩所受到的力，它与光照强度的梯度成正比，指向光阱的最大强度。在梯度力的作用下，光阱中的微小颗粒会向着光功率密度最大的地方移动。

如图 2.1（a）所示，对处于光阱中的透明介质微小颗粒进行受力分析。光束照射到微小颗粒表面时，其中一部分的光会被微小颗粒与外部空间的介质界面反射回原来的空间，而其他的光会通过折射进入微小颗粒内部。根据动量守恒定律，当光束照射时，微小颗粒的动量变换与光束的动量变换大小相等、方向相反。当光束从微小颗粒的底部向上入射时，如图 2.1（b）所示，微小颗粒将受到向上的光辐射压力，存在某一特定的光辐射压力能够与微小颗粒自身的重力相平衡，从而使微小颗粒保持在固定水平面上。此外，当两束强度相同的光相向照射到微小颗粒表面时，如图 2.1（c）所示，当微小颗粒受力达到平衡状态时，两束光能够将颗粒固定住，实现"镊"的效果。

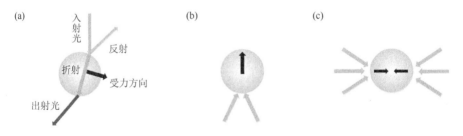

图 2.1　光束照射到微小颗粒表面时的受力分析

（a）光束从顶部照射到微小颗粒表面；（b）光束从底部照射到微小颗粒表面；（c）光束相向照射到微小颗粒表面

当光束照射到微粒表面时，被微粒折射和反射的光产生的效应就是光辐射压力，即散射力，力的方向与光的传播方向一致。因此散射力表现为施加在微小颗粒上的压力，推动微小颗粒沿着光束传播方向运动。因此，为了实现稳定地捕获微小颗粒的目的，必须用一个与光的传播方向相反的力来平衡光的散射力，而这就是光束对微小颗粒施加的梯度力产生的影响。

当微小颗粒处在横向非均匀光场中时，由图 2.2（a）对其进行受力分析可知，微小颗粒会产生与光束动量变化率大小相同、方向相反的动量变化，由于微小颗粒两侧受到的光照强度不相同，微小颗粒两侧受到的动量变化大小也不相同，会有一个横向的动量将微粒推向光照最强的区域，最终颗粒会被束缚在光照强度最大处，此情形称为二维光阱。

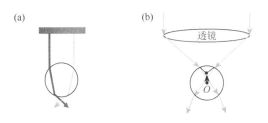

图 2.2　光照射在微小颗粒表面时产生的梯度力

1986 年，Arthur Ashkin 等凭借一束强聚集的激光在横向和纵向平面上同时产生了梯度力，因为他们只用了一束光就产生了光阱，所以该光阱也称为单光束梯度力光阱[2]。如图 2.2（b）所示，利用高度聚集的光束作用在透明介质微小颗粒表面，当微小颗粒位于光束焦点的下方时，一部分的反射光对微小颗粒施加散射光的作用，而进入微粒的折射光部分在折射后传播方向更趋近于光轴，从而增大了光线的纵向动量变化。根据动量守恒原理可知，微小颗粒将获得向上的作用力。当小球位于光束焦点的上方时，采用同样的分析方法，小球获得向下的作用力，最终小球会停留在该光束的焦点附近。

在单光束梯度力光阱中，由于辐射力和梯度力的共同作用，无论微小颗粒最初在光束焦点的哪个位置，最终都会稳定地被束缚在焦点处。此外，当微小颗粒受到外力影响时，梯度力的存在也能够使微小颗粒重新回到光束的焦点处。因此该单光束梯度力光阱对微小颗粒的挟持具有较好的稳定性，为实现对微粒的挟持和操控提供保障。

## 2.1.2　粒子在光场中的受力分析

当处在光阱中的微小颗粒大小不同时，其受力情况也不同。根据微小粒子的尺寸（$d$）和光的波长（$\lambda$）之间的关系，可以分为以下三种情况：如果微小颗粒的大小远小于光的波长（$d \ll \lambda$），该微小颗粒称为瑞利（Rayleigh）颗粒；如果微小颗粒的大小远大于光的波长（$d \gg \lambda$），该微小颗粒称为米氏（Mie）颗粒；当微小颗粒的大小与光的波长相近时（$d \approx \lambda$），则称为介观颗粒[3]。

### 1. 瑞利颗粒（$d \ll \lambda$）

当微小颗粒的尺寸满足瑞利散射理论模型时，可以把计算电偶极子的方法应用于计算微小颗粒[4]。利用瑞利散射理论进行近似计算，可以根据以下公式分别求得处于光阱中的微小颗粒受到的散射力和梯度力。

$$F_S = \frac{I_O n_m}{c} \frac{128\pi^5 a^6}{3\lambda^4} \left( \frac{m^2-1}{m^2-2} \right)^2 \tag{2.1}$$

$$F_g = \frac{n_m^2 a^3}{2} \left( \frac{m^2-1}{m^2-2} \right)^2 \nabla I_O \tag{2.2}$$

式中，$F_S$ 为光阱中微小颗粒受到的散射力；$F_g$ 则为微小颗粒受到的梯度力；$I_O$ 为入射光的光照强度；$a$ 为微小颗粒的半径；$c$ 为真空中光的传播速度；$n_m$ 为微小颗粒所处环境的折射率；$\lambda$ 为入射光的波长；$m$ 为微小颗粒的折射率与环境介质折射率的比值；$\nabla I_O$ 为入射光的光强梯度。

瑞利粒子受到的散射力来自偶极子之间光的吸收和再辐射，而梯度力则来自偶极子和光场之间相互作用的时间平均值。由式（2.1）可以看出散射力的大小与入射光的光照强度成正比，而梯度力则与入射光的光强梯度成正比。当梯度力和散射力两者的值相等时，微小颗粒的受力达到平衡状态，成功被光阱所捕获。

### 2. 介观颗粒（$d \approx \lambda$）

介观颗粒是指尺寸与入射光的波长相近的微小颗粒。在实验中，如果对微米到亚微米尺寸范围内的微小颗粒进行研究时，由于在这一尺度范围内缺乏相应的理论支撑，对光阱中颗粒进行受力分析存在一定困难。近年来，研究人员主要是通过将光的散射过程视作电磁散射问题，进而利用在电磁场计算领域中求解麦克斯韦方程的数值方法，如有限元求解法、有限微分时域分析算法、离散偶极子近似算法、T 矩阵算法等，最终获得光的散射场。

### 3. 米氏颗粒（$d \gg \lambda$）

对于处于光阱中的米氏颗粒，通常可以利用线性光学和线动量的理论模型对其进行受力分析。1992 年，Arthur Ashkin 等根据线性光学的理论，首次提出了单束光照射到微小颗粒上时，颗粒所受的散射力和梯度力的表达式：

$$F_S = \frac{\Delta p}{\Delta t} = \frac{n_m p Q_S}{c} = \frac{n_m p}{c} \left\{ 1 + \cos 2\theta_1 - \frac{T^2 [\sin(2\theta_1 - 2\theta_2) + R\sin 2\theta_1]}{1 + R^2 + 2R\cos 2\theta_2} \right\} \tag{2.3}$$

$$F_g = \frac{\Delta p}{\Delta t} = \frac{n_m p Q_g}{c} = \frac{n_m p}{c} \left\{ -R\cos 2\theta_1 + \frac{T^2 [\sin(2\theta_1 - 2\theta_2) + R\sin 2\theta_1]}{1 + R^2 + 2R\cos 2\theta_2} \right\} \tag{2.4}$$

式中，$F_S$ 和 $F_g$ 分别为光阱中米氏颗粒受到的散射力和梯度力；$Q_S$ 和 $Q_g$ 分别为散射力和梯度力的参数值；$R$ 为入射光的反射率；$T$ 为入射光的透射率；$p$ 为入射光的功率；$c$ 为真空中的光速；$\theta_1$ 为光束的入射角；$\theta_2$ 为光束入射到颗粒中的折射角；$n_m$ 为微小颗粒所处环境的折射率。

### 2.1.3 光阱力法测细胞表面电荷

细胞表面带电。当带电细胞在液体环境中电场的影响下游动时，细胞会产生电泳。细胞悬液电渗导致电动现象。此时，细胞运动与施加的电场有关。改变电场的强度，可以改变细胞运动速度及所在位置。通过将这种现象与光镊系统相结合，可以测量细胞表面的电荷。

对细胞或颗粒的最大捕光能力与光镊光源的功率成正比。参考图 2.3，物体对样品室施加的电场强度为 $E$，细胞所在流体的电渗速度为 $v_s$。首先，在 $E=0$ 时，细胞被光镊捕获。增加电场强度，被捕获的细胞获得足够的力，从光阱力的限制中逃逸。逃逸瞬间光阱力、黏性力和电场力达到机械平衡。受力分析如图 2.3 所示，并具有以下等式：

$$f_1 = f_r + f_F \tag{2.5}$$

式中，$f_1$ 为光阱力；$f_r$ 为液体流动对细胞造成的黏滞力；$f_F$ 为细胞电场力。液体的黏滞系数为 $\eta$，细胞是半径为 $r$ 的球体，用 Stokes 定理估算黏滞阻力：

$$f_r = 6\pi r \eta v \tag{2.6}$$

由此看出，在细胞逃逸过程中，任意的一个静止状态有 $f_r = 0$，再由式（2.5）可得

$$f_1 = f_F \tag{2.7}$$

根据光镊的横向光阱力的计算研究可得

$$F_Y = \frac{\rho_0^2 E^2}{2\mu_0 C^2} \int_0^{2\pi} d\varphi \int_0^{\pi/2} d\theta \sin\theta \cdot \cos i \left\{ \begin{array}{l} \left[ \sin\alpha' - R\sin(i+\theta') + T^2 \dfrac{\sin(i+\theta'-2\tau) + R\sin(i+\theta')}{1 + R^2 + 2R\cos 2\tau} \right] \cdot \cos\theta_0 \sin\varphi \\ + \left[ \cos\alpha' + R\cos(i+\theta') - T^2 \dfrac{\cos(i+\theta'-2\tau) + R\sin(i+\theta')}{1 + R^2 + 2R\cos 2\tau} \right] \sin\theta_0 \end{array} \right\} \tag{2.8}$$

式中，$\rho_0$ 为细胞中心的微小位移，如图 2.4 所示。

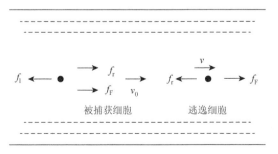

图 2.3　被捕获细胞和逃逸细胞的受力

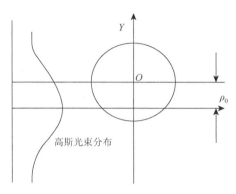

图 2.4　粒子偏离 $z$ 轴 $\rho_0$

细胞所受电场力和光阱力达到力学平衡时，有平衡条件：

$$f_1 = f_F \tag{2.9}$$
$$f_r = 0 \tag{2.10}$$

所以有

$$qE = F_Y \tag{2.11}$$
$$q = F_Y/E \tag{2.12}$$

从上式可见，只要测出微小位移 $\rho_0$ 以及电场强度 $E$ 条件下的电渗速度，就可计算细胞表面电荷数 $q$[5]。

在该方法中，利用光学捕获系统的 CCD 相机的屏幕系统进行观察，并利用图像分析软件对数据进行分析和处理。因此，光镊系统的精度对测量精度有很大影响。此外，样品池的精度也是决定测量数据可靠性的关键因素。测量的问题是细胞表面的负载会拉动悬浮液上的反向电荷。总之，理论上，光镊和电泳可以准确测量细胞表面的电荷量，为生物学研究提供一种新的测量方法。

## 2.2　细胞表面电荷测量实验设计

随着对细胞表面电荷作用的深入挖掘，测量其电荷量变得更加重要和紧迫[6, 7]。相关的测量方法也在不断完善、发展和深化。有研究提出了光镊测量方法。利用细胞电泳技术，在一个相对稳定的环境中，使细胞保持完整，并最大限度地减少不利的外部影响，对多种因素引起的活细胞的表面结构、组成和功能变化进行分析[8]。

光镊实验装置的建立：从单光束光镊激光器发出一束激光，通过扩束准直器进入生物显微镜，然后高倍显微镜镜头会聚发射光束，形成焦点，从而形成了光阱。使用梯度场光阱，在焦点附近捕获样品颗粒，显微镜成像系统可以辅助观察。一般单光束光学捕获装置系统的基本配置主要由以下几部分组成，如图 2.5 所示[9]。

（1）激光器。

（2）激光光路调节系统。

（3）光路耦合系统。

（4）显微镜操作系统。

（5）实时监测与图像处理系统。

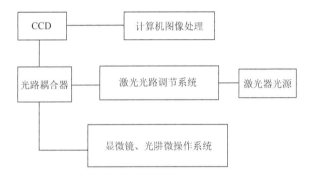

图 2.5　光镊仪器系统基本组成框图

根据实验室所建的光镊实验平台绘制基本光路图，如图 2.6 所示。

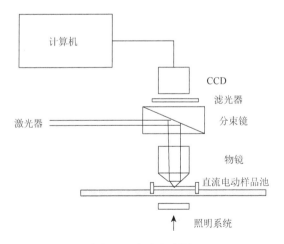

图 2.6　实验光路图

如图 2.6 所示，将待处理的样品放置在本系统的载物台上，图像通过显微镜的镜头在 CCD 感光面上成像。操作者在计算机显示器上观察样品，调整物镜高度和光源使图像更清晰。激光通过光学聚焦系统进入显微镜，调整激光束以准确聚焦在样品上。激光束焦点的大小可以通过调节聚焦系统的光学元件来控制。旋转二维精度载物台旋钮，确保激光在待加工样品的位置准确运行。电动快门控制曝光时间，软件设置拍照时间间隔，动态采样过程（AVI 格式视频文件）记录在硬盘上。

　　在相对静止的液体环境中，用光镊捕捉微粒，将其从样品池底提升到一定高度，然后用计算机控制样品台在水平面内运动。平台应尽可能平稳地从低速到高速移动，然后实现均匀运动。拖动粒子，直到它们从光阱中逸出。整个过程由 CCD 拍摄。可以根据两帧之间的时间间隔、在粒子从光阱中逸出后选择两帧图像并测量样本组中特定点的位移值来计算逃逸速度。光阱中粒子施加的力与粒子偏离光阱中心的距离有关。图 2.7 显示了如何处理两帧之间移动的粒子。

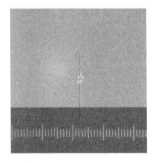

图 2.7　两帧之间移动距离

　　细胞表面电荷测量实验的研究和分析通常在细胞表面进行。当表面带电的细胞在外电场作用下悬浮在液体环境中的样品室中时，细胞产生电泳，细胞悬浮产生电渗，发生电动现象。首先，光镊捕获细胞，移动操作系统可以在光镊的作用下观察细胞的运动。当电场最初增加时，由于电场较弱，细胞仍被光镊捕获。继续增加电场强度，直到细胞摆脱光阱力逃逸。电场强度、光阱力和黏性力在逃逸时达到力平衡。细胞和样品室的相对运动与施加的电场有关。细胞运动的速度可以通过改变电场的功率来调节。通过将这种现象与光镊系统相结合，可以测量细胞表面的电荷。使用该装置和电泳，可以更准确地测量细胞表面的电荷量。

# 2.3　纳米光镊技术及其应用

## 2.3.1　单层胶体光子晶体的制备

　　在光子晶体研究方向，光镊也有重要应用[10]。近年来，光子晶体已成为材料学和应用物理学的主要研究领域，能生成光子带隙，在晶体带隙内，光在任何方向都无法传播。

自组织法是制备三维光子晶体的具有实际意
义、应用最广泛的方法[11]。但此方法所制备的胶
体晶体呈多晶结构，很难控制晶体的生长过程，
十分影响光子晶体在多个领域的应用，见图 2.8。
基于此方法，再结合光镊技术修复生成的晶体和
缺陷，就能产生无缺陷的三维光子晶体。

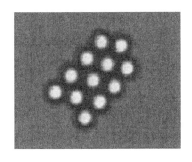

图 2.8　利用光镊排列光子晶体

田洁[12]在制备单层胶体光子晶体时，使用颗
粒粒径为 3.063μm 的单分散聚苯乙烯胶体，粒径
偏差为 0.027μm，折射率为 1.59，胶粒密度为
1.05g/cm³，原始态为水相悬浊液。将聚苯乙烯胶体颗粒溶于水，因为聚苯乙烯和
水存在密度差，在重力的作用下，胶体颗粒缓缓地沉降在基底表面，形成有序的结
构。再蒸发去除胶粒间隙的水分，最终获得固态聚苯乙烯胶体晶体。由图 2.9（a）
可知，胶体颗粒呈长程有序结构，按照密堆积规则排列。与图 2.9（a）相比，
图 2.9（b）中有许多缺陷，如位错、空洞、空位等缺陷。诸多因素都可能产生缺
陷。例如，在生长的过程中，样品的局部胶体颗粒受到除重力外其他力的作用，
导致系统整体受力不均匀。虽然现阶段仍通过不断优化自组织法制备三维光子晶
体，但都无法人为改变晶体中的缺陷态。

（a）

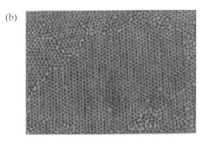

（b）

图 2.9　单层光子晶体

（a）生成小面积单层光子晶体；（b）单层大范围聚苯乙烯光子晶体

利用倒置光镊系统，通过光阱力将 1.03μm 的二氧化硅介电颗粒束缚在势阱
中。再移动三维电动平移台，调整介电小颗粒的相对位置。显微镜倒置光镊系统
俘获介电小球的整个过程如图 2.10 所示。在未俘获介电小球时，光斑中心为有规
则的圆形激光亮点，如图 2.10（a）所示；光阱内部受小球扰动，光镊出现介电小
球被束缚的趋势，光斑中心形状如图 2.10（b）所示；介电小球完全被激光束缚在
势阱中，介电小球为光斑中心位置的黑色圆点，如图 2.10（c）所示；小球受到外
界的干扰，即将脱离势阱，光斑的变化如图 2.10（d）所示。

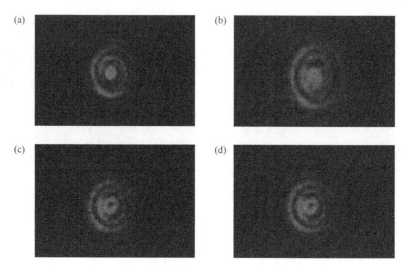

图 2.10 俘获介电小球全过程

使用正置光镊系统构造光子晶体的六角形单元。其中 He-Ne 激光器是连续型激光器,输出模式选择 TEM00 模式,激光经过 100 倍水浸物镜(NA=1.25)聚焦在样品溶液上。当聚焦物镜激光功率约为 5MW 时,其产生的梯度力可操控介电小球。同时,利用三维平移台移动样品池。单分散的聚苯乙烯胶体颗粒粒径为(3.063±0.027)μm。图 2.11(a)是排列规则的六角形单元。图 2.11(b)和(c)分别为排列的六角形组合,其中图(b)为缺一小球排列;图(c)在缺陷位置的右边补充一个小球,形成完整的光子晶体单元。

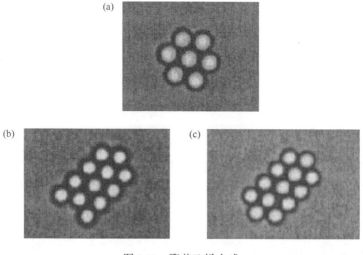

图 2.11 聚苯乙烯小球

(a)平面的 3μm 聚苯乙烯小球排列;(b)缺一小球的 3μm 聚苯乙烯小球排列;(c)完整图形的 3μm 聚苯乙烯小球排列

### 2.3.2 纳米光镊技术

自 1986 年，光镊技术快速发展，光镊技术的操作、检测的精度从微米量级发展到纳米量级。在细胞生物学、遗传学和生物大分子等生命科学领域的研究中，光镊为微小粒子的操控手段。微米量级的光镊装置已经发展十分成熟，但光镊技术装置在纳米量级极其复杂，涉及纳米精度的操控和测量、多路光耦合、高分辨率图像处理、微小力测量、计算机技术、显微成像技术和高灵敏低噪声电子技术，仅处于实验性阶段。

Ashkin 和 Dziedzic[13]在 1987 年用光镊对病毒和细菌进行了捕获等相关操作实验，发现使用适当功率的光镊对生物损伤极小，同时病毒和细菌对光功率的耐受性不同。1989 年他们[14]再次使用光镊对植物细胞膜的黏弹性进行了研究。Greulich 和 Kolbe 实验室[15, 16]利用激光刀和光镊进行了细胞融合等多种微型手术，并收集染色体片段进行基因排序实验。Berns 等[17, 18]操控染色体对细胞分裂进行了研究。使用光镊固牢 Si 小球或聚乙烯作为微手柄来操作生物。Chu 等[19]将聚乙烯小球黏附在 DNA 分子链的端点处，并将 DNA 分子在荧光下观察，发现将 DNA 分子拉紧后，释放一端使其松弛至原始螺旋结构，DNA 聚合链会出现特征性运动现象，这种现象解释了众多生物材料的黏弹性行为。在 ATP 存在的环境下，Block 等[20]将驱动蛋白（kinesin）包裹的 Si 小球放在微管或肌动蛋白上，观察到小球在微管或肌动蛋白丝上排列出现定向。Svoboda 等[21]结合干涉位移探测技术，用光镊检测到驱动蛋白的步进运动方式。Finer 等[22]对肌凝蛋白沿肌动蛋白丝的步进运动进行了观察，并对驱动蛋白分子产生的步长和力及与 ATP 浓度的关系进行了测验与验证。Arai 等[23]用光镊对 DNA 分子进行研究，并实现了 DNA 的扭转、打结等分子操作和力学研究。

在纳米量级操作领域，光镊的应用进入 21 世纪后快速发展。Bustamante 等[24]对单个 DNA 的静力学非线性弹性拉伸应变特性进行了研究。Granade 等[25]使光镊阱深不断降低，再在隔热条件下恢复阱深，使阱中物质强制蒸发，制备出具有超导性质和特异散射的费米气体。Dagalakis 等[26]结合单束激光和微镜阵列并对激光进行分束调整，精准控制分束光的方向，构成光爪式光镊，使纳米粒子操作进一步发展。Brouhard 等[27]通过分时控制声光偏转器，制备出稳定的多光束光镊，在染色体结合驱动蛋白移动实验方面做出贡献。

### 2.3.3 全息光镊技术

光镊技术从简单的单光束梯度力光阱逐步发展到多光镊及阱位可控的复杂光

镊，全息光镊作为光镊技术中能产生新型光学势阱和多光阱的技术脱颖而出。全息光镊技术不仅能实现多功能的光阱，还可以实现三维光阱阵列[28]。Grier[29]预言，全息光镊在光学操控领域会掀起一场技术革命。

因光与粒子有动量交换，光场已是用于捕获、移动、旋转和拉伸微观粒子的传统非接触式工具。使用波片和偏振器件的传统方法可以得到特定自旋角动量的光束，而利用全息图可获得有轨道角动量的光束，从而使全息光镊在多粒子的操控、复杂运动和微粒的光致旋转方面的应用范围得到扩大。

### 1. 新型空心光场捕获和旋转微小粒子

光子具有线性动量、轨道角动量及自旋角动量。Wang 课题组[30]通过纳米制造技术研制了圆柱型的纳米石英颗粒。颗粒在光镊中可以产生旋转，并可测量dsDNA 的力矩和扭转力，该技术主要利用光子自旋角动量会使得双折射粒子产生旋转的原理。

Sato 等[31]首创光镊中粒子的光致旋转，其中光束为旋转的高阶 Hermite-Gaussian 光。空心光束具有捕获粒子时热效应小的优势，且具有普通高斯光束构成的单光束梯度力光阱不具备的新特性。传统全息技术也推动了新型光束在光致旋转方面的应用研究。

光场的特定空间分布与轨道角动量联系密切。在光学波长范畴下，很精确地布置棱镜旋转的 Dove 棱镜可产生具有轨道角动量光束，但是实现比较困难，且无法动态调整光束特性。而全息技术克服了以上缺点，可较容易地获得具有特定衍射特性或轨道角动量的光束。除此之外，通过全息技术产生了很多新型光阱，如涡旋光阱[32]。2008 年，圣安德鲁斯大学的 Dienerowitz 等[33]通过拉盖尔-高斯（Laguerre-Gaussian，LG）光束捕获纳米金粒子，用接近表面等离激元共振的光束将金纳米颗粒束缚在 LG 光的暗场区域，并通过光子的轨道角动量转移，实现同步捕获光阱中的两个 100nm 金纳米颗粒的旋转。

### 2. 多粒子复杂运动

在科技和工程应用的许多领域，通过光波前校正技术产生的力可以实现快速控制，如全息光镊可实现多粒子实时动态的操控和捕获[34]。在使用液晶空间光调制器产生复杂光波的实用性方面，奥地利的 Jesacher 等进行了诸多研究[35]。

在预先设定形状的光阱中，通过分别调控光场的相位和振幅，捕获并操控微观电介质小球。如图 2.12 所示，通过典型的 4f 系统，将振幅整形全息图放置在物平面上，将相位整形全息图放置在傅里叶平面上。由此，可以在物平面上产生特定形状的光阱[如图 2.12（a）中的十字]，其中 $P_1$ 调整平面光场的振幅，$P_2$ 调整光波场的相位。图 2.12（b）是微小粒子十字的相位和振幅分布图。

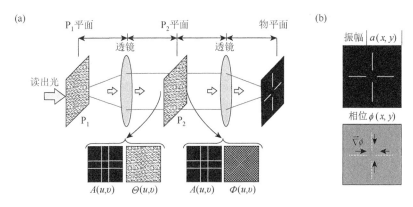

图 2.12　十字光阱全息光镊光路图

通过控制光场的振幅和相位可以提高 $P_2$ 平面产生的振幅分布的对比度，但缺点是高强度会损坏液晶。此外，$P_2$ 在特定场合下可置于对比度小的菲涅耳平面。改变光场的振幅和相位，不但能实现多种特殊形状的光阱[36]，还能够控制粒子的运动路径，理论上能够实现在任意形状的光阱中对粒子进行操控。

### 3. 全息光镊的其他应用

由全息技术形成的复杂光镊在捕获和操控微观粒子或原子等不同场合具有重要的应用价值，因为它比通常的只能控制光场振幅的光镊具有更强的适应性。例如，用特制的相位片产生的全息光镊可以传输、分选或控制微小粒子的聚集。

现阶段通过全息技术能够制造约 400 个光阱的全息阵列光镊，使用计算机技术，还能对单个光阱的特性实现动态调整[37, 38]。实时光阱可对高分散的以及运动的物体实现捕获，如游动的细菌、病毒及微小胶体。除此之外，还能制造线状、Bessel 型[39]光阱及具有角动量的光学旋涡[40]光阱等。这些特殊的光阱使得在光轴方向或平面上旋转与调整物体、产生旋转的环形物体及获取其他的非典型的操控成为可能。上述研究也扩大了全息光镊的应用领域范围。全息光镊具有可自由控制多个粒子的特点，在粒子的吸附、融合及粒子间或粒子与表面的相互作用研究方面取得优化。在组装特定的结构方面全息光镊具有很大优势，使用反射光或荧光照明，在透明基底或电极上能够观察和定位特定材料。在硅片上，通过红外光组成的光镊[41]可以控制微粒的运动，通过选择适当掺杂浓度和厚度的硅片，使其透过红外光，再使用 CCD 探测。该技术突破了在液相中传统方式捕获粒子的瓶颈。若结合全息光镊技术，则在特定的固体表面可组装许多有意义的结构。

在全息光镊出现前，光镊技术主要应用在单粒子的基础研究方面，全息光镊的优势体现在对多粒子操控方面，这也使得光镊技术在实用化、规模工业生产方面得到极大发展。

### 2.3.4　光镊组装半导体纳米线

纳米材料的研究在 20 世纪后期的发展可以说是热火朝天[42]。如今，随着材料科学的发展，种类繁多的纳米材料应运而生，如纳米环、纳米线等。当前，科学家不仅设计了众多由纳米材料构建的器件、设备，而且尝试了很多使用纳米材料去制作其他器件或工具的方法。

在一个低密度的样品池中，由于密度的原因，纳米线分散在液体环境中，纳米线会沉降到底面附近。为使光镊散射力增强，可以使用低倍数的显微镜物镜来组装成光镊[42]。而当纳米线靠近镊范围时，纳米线被吸引力拉入光镊范围。除此之外，因光镊和材料性质的原因，纳米线无法在一个位置被稳定捕获，而会碰到样品池的表面。纳米线的上端接触样品池的表面后，由于光镊依旧存在施加的向上的力，在光镊的位置向一个方向平移，那么纳米线就可逐渐倾斜且上端持续接触上表面，直到纳米线完全达到水平状态并完全接触到上表面。通过此方式，纳米线便可被粘到样品池的上表面。通过对光镊平移方向的调控，就可组装成理想的结构。

### 2.3.5　光镊研究分散体系稳定性

现阶段光镊已在凝聚态物理及表面科学等领域获得发展与应用[43]。利用光镊分时操作装置，可使光束构成多个独立的光阱。利用该装置再结合乳胶微粒操作技术，可以实现空间图案的排布、选择颗粒的大小及粒子的流动方向等多方面的研究。此外，表面结合功能分子团的聚苯乙烯小球与溶液中的荧光探针分子产生相互作用，可使溶液中的荧光探针分子发射的荧光强度和波长产生变化，再利用荧光信号便可检测小球表面的化学性质。但是该荧光分析法是将溶液和小球当作整体研究，只能获得样品的平均荧光信息。目前利用光谱测量技术，光镊可任意地固定、操控单个小球的空间位置。故在检测发射荧光的细节方面，可以利用光谱探测技术探测单个小球表面结合物，进而确定小球表面的分子结构。

胶体体系在由分散态向聚集态转变的过程中，所有的特性都发生了显著的变化[44]。在光镊应用于分散体系前，研究分散体系一般通过光散射方法测量体系的聚沉过程来检测稳定性。结合光镊后，虽然效率低于光散射法，但是能更直观地反映粒子间相结合的过程。因为光镊具备定位和操控粒子的优点，利用光镊可实现同步捕获两个胶体微粒，使得胶体粒子在显微镜视野内被局限到易观察的位置，从而实时跟踪粒子碰撞聚集的过程。此方法中，被光镊捕获的两个粒子构成粒子碰撞聚集的最小体系。通过先对成对粒子体系的碰撞过程进行研究，再观察大量粒子对碰撞聚集体系，最后统计粒子对的结合概率，就可得到分散体系在粒子水平研究的聚沉规律，并得到提高粒子层次测量系统稳定性的方法[45]。在此方面应用中，光镊提供了一个束缚范围，从而使跟踪粒子对的碰撞过程变得简易，同时也要降低光镊的束缚力，避免影响粒子的碰撞结合率。

## 2.4 小 结

本章主要从实验原理、实验设计及应用三个方面介绍了微纳尺度精确调控的工具之一——光镊。利用光镊操控粒子的原理，简单来说就是每个光子都具有动量，当光照射到物体上时，光子的动量传递给物体并产生压强。对于直径小于100μm的微小粒子，这种辐射压以非机械接触的方式挟持或操控微小粒子，在以光镊形成的光为中心的一定区域内的微小粒子，会有自动向光束中心移动的趋势。已经在光阱中心的微小颗粒，在没有其他外力干扰的情况下，会被光镊的光所束缚住，保持在光阱中心，达到"镊"的效果。光镊的应用众多，本章主要介绍了纳米光镊技术、全息光镊技术、光镊组装半导体纳米线、光镊研究分散体系稳定性、光镊制备单层胶体光子晶体，可见光镊在微纳尺度应用之广及其重要性。

### 参 考 文 献

[1] Suei S，Raudsepp A，Kent L M，et al. DNA visualization in single molecule studies carried out with optical tweezers：Covalent versus non-covalent attachment of fluorophores[J]. Biochemical and Biophysical Research Communications，2015，466（2）：226-231.

[2] Tatsuya S，Nohara R，Kitamura N，et al. A method for an approximate determination of a polymer-rich-domain concentration in phase-separated poly(N-isopropylacrylamide)aqueous solution by means of confocal Raman microspectroscopy combined with optical tweezers[J]. Analytica Chimica Acta，2015，854：118-121.

[3] Al Balushi A A，Kotnala A，Wheaton S，et al. Label-free free-solution nanoaperture optical tweezers for single molecule protein studies[J]. Analyst，2015，14（14）：476-478.

[4] Hay R F，Gibson G M，Simpson S H，et al. Lissajous-like' trajectories in optical tweezers[J]. Optics Express，2015，23（25）：31716-31727.

[5] Tassieri M. Linear microrheology with optical tweezers of living cells 'is not an option'[J]. Soft Matter，2015，11（29）：5792-5798.

[6] Nieminen T A，du Preez-Wilkinson N，Stilgoe A B，et al. Optical tweezers：Theory and modelling[J]. Journal of Quantitative Spectroscopy and Radiative Transfer，2014，146：59-80.

[7] Amiri I S，Barati B，Sanati P，et al. Optical stretcher of biological cells using sub-nanometer optical tweezers generated by an add/drop microring resonator system[J]. Nanoscience and Nanotechnology Letters，2014，6（2）：111-117.

[8] Rognoni L E，Pentikäinen U，Ylänne J，et al. Filamin's force sensing mechanism revealed by optical tweezers[J]. Biophysical Journal，2012，102（3）：19679-19684.

[9]　Liu X Y，Lu G. Influence of gold nanoparticles' size on the trapping performance of optical tweezers[J]. SPIE，2012，46（7）：9907-9912.

[10]　Ribezzi-Crivellari M，Ritort F. Force spectroscopy with dual-trap optical tweezers：Molecular stiffness measurements and coupled fluctuations analysis[J]. Biophysical Journal，2012，103（9）：1919-1928.

[11]　Shergill B，Meloty-Kapella L，Musse A，et al. Optical tweezers studies on notch：single-molecule interaction strength is independent of ligand endocytosis[J]. Developmental Cell，2012，22（6）：1313-1320.

[12]　田洁. 光镊技术在光子晶体领域应用中的探索[D]. 北京：北京工业大学，2003.

[13]　Ashkin A，Dziedzic J M. Optical trapping and manipulation of viruses and bacteria[J]. Science，1987，235（4795）：1517-1520.

[14]　Ashkin A，Dziedzic J M. Internal cell manipulation using infrared laser traps[J]. Proceedings of the National Academy of Sciences - PNAS，1989，86（20）：7914-7918.

[15]　Starke A，Schink H，Kolbe J，et al. Laser-induced damage thresholds and optical constants of ion-plated and ion-beam-sputtered $Al_2O_3$ and $HfO_2$ coatings for the ultraviolet[J]. SPIE，1990，1270：299-304.

[16]　Greulich K O. Chromosome microtechnology：Microdissection and microcloning[J]. Trends in Biotechnology，1992，10：48-51.

[17]　Berns M W，Aist J R，Wright W H，et al. Optical trapping in animal and fungal cells using a tunable，near-infrared titanium-sapphire laser[J]. Experimental Cell Research，1992，198：375-378.

[18]　Grimbergen J A，Visscher K，de Mesquita，et al. Isolation of single yeast cells by optical trapping[J]. Yeast，1993，9（7）：723-732.

[19]　Metcalf H J. Laser cooling and trapping of atoms[M]//Persson W，Svanberg S. Laser Spectroscopy VIII. Springer Series in Optical Sciences，vol 55. Berlin：Springer，1987.

[20]　Block S M，Goldstein L S B，Schnapp B J，et al. Bead movement by single kinesin molecules studied with optical tweezers[J]. Nature，1990，348（6299）：348-352.

[21]　Svoboda K，Schmidt C F，Schnapp B J，et al. Direct observation of kinesin stepping by optical trapping interferometry[J]. Nature，1993，365（6448）：721-727.

[22]　Finer J T，Simmons R M，Spudich J A. Single myosin molecule mechanics：Piconewton forces and nanometre steps[J]. Nature，1994，368（6467）：113-119.

[23]　Harada Y，Arai Y，Yasuda R，et al. Tying a molecular knot with optical tweezers[J]. Nature，1999，399（6735）：446-448.

[24]　Bustamante C，Smith S B，Liphardt J，et al. Single-molecule studies of DNA mechanics[J]. Current Opinion in Structural Biology，2000，10（3）：279-285.

[25]　Granade S R，Gehm M E，O'Hara K M，et al. Preparation of a degenerate，two-component Fermi gas by evaporation in a single beam optical trap[C]. 2002 Summaries of Papers Presented at the Quantum Electronics and Laser Science Conference. IEEE，2002：169-170.

[26]　Dagalakis N G，LeBrun T，Lippiatt J. Micro-mirror array control of optical tweezer trapping beams[C]. Proceedings of the 2nd IEEE Conference on Nanotechnology. IEEE，2002：177-180.

[27]　Brouhard G J，Schek H T，Hunt A J. Advanced optical tweezers for the study of cellular and molecular biomechanics[J]. IEEE Transactions on Biomedical Engineering，2003，50：121-125.

[28]　Schwingel M，Bastmeyer M. Force mapping during the formation and maturation of cell adhesion sites with multiple optical tweezers[J]. PLoS One，2017，8（1）：54850.

[29]　Grier D G. A revolution in optical manipulation[J]. Nature，2003，424：810-816.

[30]  Wang M D, Deufel C, Forth S, et al. Nanofabricated quartz cylinders for angular trapping: DNA supercoiling torque detection[J]. Nature Methods, 2007, 4: 223-225.

[31]  Sato S, Inaba H. Optical trapping and manipulation of microscopic particles and biological cells by laser beams[J]. Optical and Quantum Electronics, 1996, 28: 1-16.

[32]  Albay J A C, Paneru G, Pak H K, et al. Optical tweezers as a mathematically driven spatio-temporal potential generator[J]. Optics Express, 2018, 26 (23): 29906-29915.

[33]  Dienerowitz M, Mazilu M, Reece P J, et al. Optical vortex trap for resonant confinement of metal nanoparticles[J]. Optics Express, 2008, 16: 4991-4999.

[34]  Almendarez-Rangel P, Morales-Cruzado B, Sarmiento-Gómez E, et al. Finding trap stiffness of optical tweezers using digital filters[J]. Applied Optics, 2018, 57 (4): 652-658.

[35]  Jesacher A, Maurer C, Bernet S, et al. Full phase and amplitude control of holographic optical tweezers with high efficiency[J]. Optics Express, 2008, 16: 4479-4486.

[36]  Khakshour S, Beischlag T V, Sparrey C, et al. Probing mechanical properties of Jurkat cells under the effect of ART using oscillating optical tweezers[J]. PLoS One, 2015, 10 (4): e0126548.

[37]  Håti A G, Aachmann F L, Stokke B T, et al. Energy landscape of alginate-epimerase interactions assessed by optical tweezers and atomic force microscopy[J]. PLoS One, 2015, 10 (10): e0141237.

[38]  Lin L, Peng X, Wei X, et al. Thermophoretic tweezers for low-power and versatile manipulation of biological cells[J]. ACS Nano, 2017, 11 (3): 3147-3154.

[39]  Lisica A, Grill S W. Optical tweezers studies of transcription by eukaryotic RNA polymerases[J]. Biomolecular Concepts, 2017, 8 (1): 1-11.

[40]  Heller I, Laurens N, Vorselen D, et al. Versatile quadruple-trap optical tweezers for dual DNA experiments[J]. Methods in Molecular Biology, 2016, 1486: 257-272.

[41]  Brouwer I, King G A, Heller I, et al. Probing DNA-DNA interactions with a combination of quadruple-trap optical tweezers and microfluidics[J]. Methods in Molecular Biology, 2017, 1486: 275-293.

[42]  Jiao J, Rebane A A, Ma L, et al. Single-molecule protein folding experiments using high-precision optical tweezers[J]. Methods in Molecular Biology, 2017, 1486: 357-390.

[43]  Santybayeva Z, Pedaci F. Optical torque wrench design and calibration[J]. Methods in Molecular Biology, 2017, 1486: 157-181.

[44]  Byvalov A A, Kononenko V L, Konyshev I V. Effect of lipopolysaccharide O-side chains on the adhesiveness of *Yersinia pseudotuberculosis* to J774 macrophages as revealed by optical tweezers[J]. Applied Biochemistry and Microbiology, 2017, 53 (2): 258-266.

[45]  Ni Y X, Gao L, Miroshnichenko A E, et al. Non-Rayleigh scattering behavior for anisotropic Rayleigh particles[J]. Optics Letters, 2012, 37 (16): 3390-3392.

# 第3章 介 电 泳

生物分析的复杂性要求强有力的分析技术，以揭示分子水平上的细胞过程和途径。因此，需要不断改进分析工具或各种分析技术的组合来揭示这种复杂性。介电泳（dielectrophoresis，DEP）是指一种置于非均匀电场中的极化粒子受到吸引力或排斥力的分析技术，在微环境中实现的介电泳现象对于分析、应用、创新有很大的现实意义，因为它对分析物的大小及其介电特性有很强的依赖性，特别适合操作微米大小的细胞生物分析物。

1807 年，Frederic Reuss 在黏土颗粒的研究中首次发现了介电泳现象。1951 年，Phol 开始研究报道介电泳现象[1, 2]。1966 年，Pohl 和 Hawk 首次实现了使用介电泳来分离活的和死的酵母细胞。20 世纪 70 年代，Pohl 对介电泳现象进行了一系列的研究[3-5]，并将这种现象命名为"介电泳"。1991 年，Gunter Fuhr 发表了一篇关于使用行波产生横向介电泳力的论文。1997 年，Ron Pethig 和 Peter Gascoyne 进行了介电泳场流分离（DEP-FFF）实验[6]，随着对粒子在电场中受力的研究不断深入，为介电泳与微流控技术的结合奠定了基础。自 1990 年以来，随着精密加工技术的发展，电压可以变得更小，电极可以做成任何形状，分离过程可以用显微镜观察，介电泳技术取得长远发展。

进入 21 世纪之后，随着微机电系统（MEMS）技术的发展，微/纳米级微电极可以更容易地集成到芯片中，使得介电泳技术能够与微流控技术相结合，在生物、医学中的应用逐渐走向体外诊断与小型定量化。本章对介电泳操控粒子的原理方法进行了介绍，并对介电泳对细胞及不同尺度粒子的操纵控制进行了综述。

## 3.1 介电泳现象原理及分析

介电泳是电介质微粒在非均匀电场下由于极化效应而产生的位移现象，该现象只与粒子、所处环境的电学性质和外加电场有关。溶液中的微粒与周围流体介质的介电常数不同，当外加电场时微粒的移动方向将会改变，由于这种特性，介电泳广泛应用于微粒分离的场景中。

### 3.1.1 介电泳现象分析

在一份由不导电的溶液和其中的一种或多种微粒组成的样品中，微粒以悬浮的微小固体颗粒存在，呈电中性，不溶于溶液。溶液与其中的中性微粒有不同的介电常数，即有不同的极化率。

给样品外加一个电场，微粒和溶液都发生了极化，微粒内部正电荷与负电荷相分离产生电偶极矩，溶液的分子也就形成了电偶极子，削弱了溶液内部的电场。如果外加电场是均匀的，微粒的正负电荷受到的电场力等大且反向，微粒不会位移；反之，电场不均匀，正负电荷在电场较大的区域受到的静电力大，在电场较小的区域受到的静电力小，合外力不为零，微粒就会移动。由于电场的作用，电偶极子充斥着整个溶液，也包括微粒表面，并有一致的朝向：左负右正，如图 3.1（a）所示。

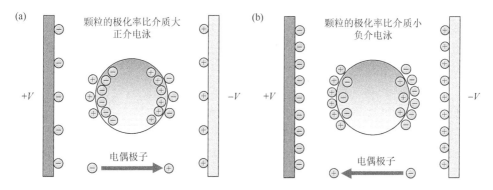

图 3.1 微粒电偶极子电性：（a）正介电泳；（b）负介电泳

当微粒的极化率大于溶液的极化率时，微粒电偶极子在内表面堆积的电荷多于溶液电偶极子在微粒外表面展现出来的电荷，因此微粒整体呈现出"左负右正"[图 3.1（a）]的电性。此时就会发生正介电泳，如图 3.2（a）所示，正电荷受到的静电力大于负电荷受力，微粒向电场强度高的区域移动。

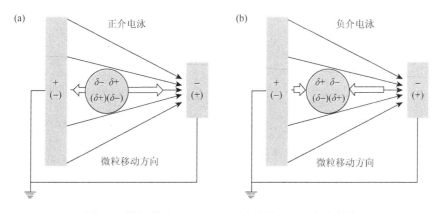

图 3.2 微粒移动方向：（a）正介电泳；（b）负介电泳

当微粒的极化率小于介质的极化率时，微粒电偶极子在内表面堆积的电荷少于溶液电偶极子在微粒外表面展现出来的电荷，因此微粒整体呈现出"左正右负" [图 3.1（b）] 的电性。则会出现负介电泳，如图 3.2（b）所示，正电荷受到的静电力小于负电荷受力，微粒向电场强度低的区域移动。

介电泳所操控的可以是固态的颗粒，也可以是气态的气泡，气体的相对介电常数非常接近 1，计算时通常直接将真空介电常数作为气体的介电常数。

介电泳的这一性质使得它成为在流体中分离微粒的主要方法，与其他方法相比，它具有如下优势。

（1）可用于分离多种微粒，因为不同种的微粒对于同一频率的电场有不同的响应。

（2）可操作电中性的微粒。

（3）操作尺度在微米量级。

（4）对微粒的尺寸更敏感。

### 3.1.2 介电泳理论分析

随着介电泳的研究不断深入，将介电泳力与其他力相结合，产生了各种应用于不同场景的介电泳[7]。

1. 常规介电泳（conventional dielectrophoresis）

对于半径为 $r$、介电常数为 $\varepsilon_p$ 的绝缘球形微粒，悬浮在介电常数为 $\varepsilon_m$ 的绝缘流体介质中，并施加非均匀电场 $E$，按照 Pohl 于 1978 年提出的常规介电泳的近似模型[8]，时均介电泳力为

$$F_{DEP} = 2\pi r^3 \varepsilon_m Re[K_{CM}] \nabla E_{rms}^2 \qquad (3.1)$$

式中，$E_{rms}$ 为电场的均方根；$\nabla E_{rms}^2$ 为电场平方的梯度，是对电场不均匀性的量化；$K_{CM}$ 为 Clausius-Mossotti 系数，是微粒及其介质的有效极化率，是频率的函数。

$$K_{CM}(\omega) = \frac{\varepsilon_p^* - \varepsilon_m^*}{\varepsilon_p^* + 2\varepsilon_m^*} \qquad (3.2)$$

而 $\varepsilon_p^*$ 和 $\varepsilon_m^*$ 分别为微粒和溶液（介质）的复介电常数，包含实部与虚部，如下：

$$\varepsilon^* = \varepsilon - i\frac{\sigma}{\omega} \qquad (3.3)$$

其中包含了介电常数 $\varepsilon$、电导率 $\sigma$ 和电场的角频率 $\omega$。

$Re[K_{CM}]$ 为 $K_{CM}$ 的实部：

$$\text{Re}[K_{\text{CM}}] = \frac{(\sigma_p - \sigma_m)(\sigma_p + 2\sigma_m) + \omega^2(\varepsilon_p + 2\varepsilon_m)(\varepsilon_p - \varepsilon_m)}{(\sigma_p + 2\sigma_m)^2 + \omega^2(\varepsilon_p + 2\varepsilon_m)^2} \tag{3.4}$$

**2. 电旋转（electrorotation）**

图 3.3 所示为 1988 年 Arnold 建立的电旋转模型[9]。

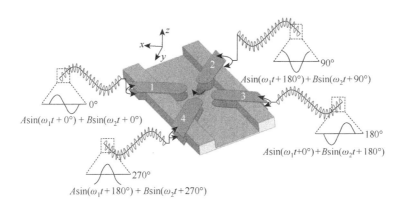

图 3.3　电旋转

微粒悬浮在一个以 $\omega$ 的角速度旋转的电场中，将受到时均转矩：

$$T_{\text{ROT}} = -4\pi r^3 \varepsilon_m \text{Im}[K_{\text{CM}}] E_{\text{rms}}^2 \tag{3.5}$$

$\text{Im}[K_{\text{CM}}]$ 为 $K_{\text{CM}}$ 的虚部：

$$\text{Im}[K_{\text{CM}}] = \frac{3\omega(\varepsilon_p \sigma_m - \varepsilon_m \sigma_p)}{(\sigma_p + 2\sigma_m)^2 + \omega^2(\varepsilon_p + 2\varepsilon_m)^2} \tag{3.6}$$

**3. 行波介电泳（traveling-wave dielectrophoresis，TWDEP）**

将不同相位的电压加到平行电极上，使电压相位随电极板依次增加，就在电极板上方产生很薄的行波电场，而受到行波电场作用的中性微粒会沿着或逆着电场方向运动[10]，该现象称为行波介电泳，如图 3.4 所示。

根据 1992 年建立的行波介电泳模型[6]，微粒在行波电场 $E$ 中将受到时均行波介电泳力：

$$F_{\text{TWD}} = \frac{-4\pi r^3 \varepsilon_m \text{Im}[K_{\text{CM}}]|E|^2}{\lambda} \tag{3.7}$$

式中，$\lambda$ 为电场的波长，等于同相电极之间的距离。

$F_{\text{TWD}}$ 使得悬浮在两个 TWDEP 电极上方的颗粒相对于电极垂直运动（如图 3.4 中是沿 $y$ 轴正向移动）[11]。

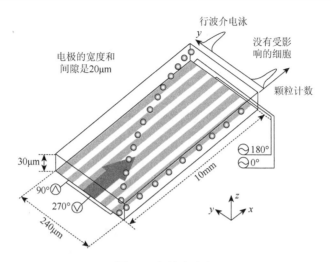

图 3.4　行波介电泳

根据 DEP 和 TWDEP 统一理论，可得到行波电场 $E$ 作用下，微粒受到的合力为

$$F = 2\pi^2 r^3 \varepsilon_m \left\{ \mathrm{Re}[K_{CM}]\nabla E_{\mathrm{rms}}^2 + \mathrm{Im}[K_{CM}]\left( E_x^2 \nabla \varphi_x + E_y^2 \nabla \varphi_y + E_z^2 \nabla \varphi_z \right) \right\} \quad (3.8)$$

4. 介电泳场流分离（dielectrophoretic field-flow fractionation，DEP-FFF）

如式（3.1）所示，微粒所受的介电泳力与微粒体积成正比，许多介电泳技术都按颗粒大小分离颗粒（图 3.5）[12]。

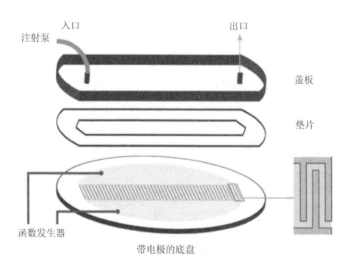

图 3.5　介电泳场流分离

另外，$K_{CM}$ 是频率的函数。当频率很大（$\omega \to \infty$）时，如以介电泳力操控气泡，气泡的介电常数（接近真空介电常数 $\varepsilon_0$）小于液体的介电常数，此时介电泳力的方向必然与电场的梯度方向相反。

$$\mathrm{Re}[K_{CM}] \approx \frac{\varepsilon_p - \varepsilon_m}{\varepsilon_p + 2\varepsilon_m} \qquad (3.9)$$

频率很小（$\omega \to 0$）时，即低频时介电泳力取决于微粒与介质的电导率，而高频时，微粒与介质的绝对介电常数占主导地位[13]。这一频率性质也常被用于分离不同材质的微粒。

$$\mathrm{Re}[K_{CM}] \approx \frac{\sigma_p - \sigma_m}{\sigma_p + 2\sigma_m} \qquad (3.10)$$

## 3.2 介电泳微流控芯片设计

微流控芯片的制造需要严格的工艺流程以集成各种结构和组件来执行不同的过程，如样品预处理、样品输送、颗粒操控、芯片反应以及结果检测和分析。微粒分离是颗粒操控的一个分类，是影响检测精度的关键过程。至今，已有许多技术应用于此，如过滤、离心、磁力、声波、色谱、电泳、介电泳。与其他方法相比，介电泳因其运行成本低、易于集成到微流体中、速度快、效率高、灵敏度高和选择性好而成为微流控系统中最有前途的分离技术之一。本节介绍介电泳集成到微流控芯片中的技术背景、电极类型及结构设计。

### 3.2.1 技术背景与优势

生物分析的复杂性要求强有力的分析技术，以揭示分子水平上的细胞过程。因此，需要不断改进分析工具或各种分析技术的组合来揭示这种复杂性。在微环境中的介电泳现象实现了分析应用的创新。然而，对于较小的亚细胞实体或非生物、亚微米大小的颗粒，介电泳的操作变得更加困难，因为除了所需的介电泳力给设计带来的挑战，亚细胞生物分析物的结构复杂性和微生物（如细菌和病毒）的巨大多样性，以及创新的纳米颗粒均要求完善的理论模型和适合这些分析物的介电泳平台。

近年来，基于介电泳的器件作为平台发挥了重要作用，不仅在生物分析中，而且在纳米技术应用中展示了操作、预浓缩、捕获、分类、分离、模式、表征和纯化。介电泳在分析应用中的操作是通过微型化以及微纳米制造技术的进步所支撑的。用于介电泳应用的可控和定制电场梯度的产生最初是通过微加工电极实现，最近则是通过在充满各种液体介质的微流体装置中集成定制的障碍和收缩实现的。因此，许多基于介电泳的设备已经被概述用于快速和高效的诊断及临床分析物的分析，通常在芯片上的实验室系统中实现。

粒子分离是基于粒子的物理或化学特性的差异或粒子与载体流体的特性之间的差异，从溶液或悬浮液中提取或获得目标粒子或将它们彼此分离的技术。也可以将其视为目标化学品或颗粒的浓缩或纯化过程。在介电泳微流控的分离装置中，微流体的通道内铺设的微电极产生非均匀的电场对于微粒的分离产生主要作用。传统利用介电泳的原理分离的系统大多是平面的结构，但对分离效率有很大的局限性。为了解决这一问题，开始在整个通道建立有一定高度的三维电极来产生垂直方向的电场梯度，以提高芯片捕获细胞的效率。

在生物医学领域，介电泳技术已经被认为是当前最有效的进行细胞分离的方法之一，它具有以下特点。

（1）免标记，也就是不需要和一些特异性抗体相结合来产生标记，继而追踪。

（2）易于集成，微型电极可以很容易集成在微流体系统中。

（3）低成本，介电泳所需的装置简单方便且非常容易搭建。

（4）高效灵活，在系统中，可以控制细胞进行所希望的运动并灵活控制运动方向。

### 3.2.2 介电泳微流控的电极类型及设计

电场梯度是影响 DEP 性能的重要因素，在微流控芯片中，非均匀电场主要由电极产生，因此电极的形状和分布对非均匀电场的电场梯度至关重要。这里介绍在微流控方法中应用的不同电极，包括外部电极、二维电极和三维电极。

#### 1. 外部电极

在微流控芯片外加直流电场，通过为芯片设计出入口及流道来形成非均匀电场，液体中不同组分因其物理/化学特性不同而受到不同的 DEP 力，从而达到分离。例如，Mohammadi 等开发了一种由聚二甲基硅氧烷（PDMS）制成的微流控芯片，可以在不稀释血样的情况下实现血浆分离[14]。芯片结构由一个入口和一个出口组成，一个约 1cm 长、50μm 深的主通道，38 个非开放分支均匀分布在主通道的两侧（图 3.6），分支的宽度和深度分别约为 200μm 和 50μm。通过插入两个铂（Pt）电极，一个插入入口，一个插入出口，将电场引入设备。将体积约为 2μL

的血液样本注入入口，并使用内部毛细管力泵入主通道。这些非开放分支以流体动力学方式捕获红细胞（RBC）。然后，激活直流电源以建立直流 DEP 力，防止更多的红细胞被困在入口附近的非开放分支内。此外，由直流电场产生的电渗流从通道和分支处形成的交叉连接处去除红细胞。结果是血浆与血液分离，形成没有红细胞的血浆区。该方法获得的血浆纯度为 99%。

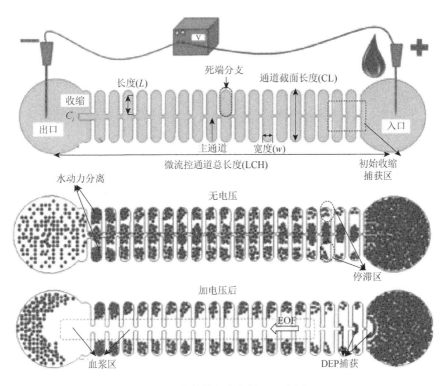

图 3.6　带有外部电极的 DEP 设备

## 2. 二维电极

研究人员开发了具有不同形状的简单制造工艺的薄膜二维电极，以满足集成要求并提高微流控芯片内的 DEP 分离效率。这里介绍最常用的电极配置——平行电极和齿形电极。

### 1）平行电极

平行电极的阵列通常是矩形的。电极具有相同的宽度和间隙，从而在电极之间产生恒定的电场。因此，基于平行电极的系统对目标微粒具有高分离效率。

研究者开发了一个具有混合 DEP 惯性系统的微流体平台来分离颗粒，如图 3.7 所示。该通道宽约为 200μm，深约为 40μm，由 15 个对称的 U 形段组成，长度约为 700μm。在载玻片上对薄膜 Ti（50nm）/Pt（150nm）电极进行图案化。电极的间隙和宽度均约为 20μm。PDMS 和载玻片之间的结合是通过氧等离子体进行的。从入口注入直径约为 5μm、13μm 的聚苯乙烯珠悬浮液，顶部的鞘层流推动颗粒沿通道底部移动，使它们保持在非均匀电场中。通过调整电压，无需重新设计芯片布局即可在该芯片内部实现不同的粒度分离。顶部鞘流的实施提高了分离效率，因为颗粒被迫进入通道底部并且不受沿垂直方向的电场衰减的影响[15]。

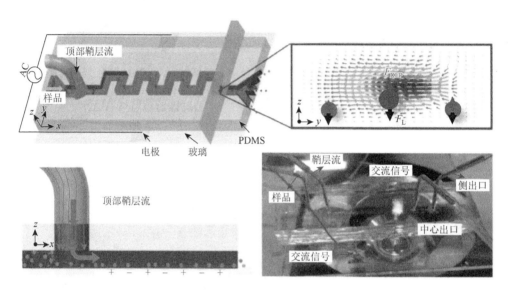

图 3.7　带有顶部鞘层流的混合 DEP 惯性装置

### 2）齿形电极

齿形电极产生电场梯度，在微电极边缘形成最大值，在两个电极之间的中心形成最小值。有研究者开发了一种将绝缘体与二维电极相结合的微流体装置，用于聚焦和分离粒子，如图 3.8 所示。电极设计成平行结构，共有 30 个电极，在主通道的每一侧有 15 个电极。Ti/Pt 的金属夹层使用剥离技术在玻璃基板上图案化。流体结构是在 SU-8 层中制成的，厚度约为 20μm，形成一个城堡状结构，如图 3.8（a）所示。带有检修孔的 PDMS 盖安装在结构顶部以对其进行密封。通过应用两个不同的电压在主通道的第一部分生成了两个相反的非均匀电场。这两个非均匀电场使主通道中的介电粒子达到平衡，导致粒子被限制在通道的中心。是否受力平衡取决于电压幅度和电源频率。然后，施加在主通道的第二部分的第三个交流电压，进行粒子分离。这种微流控芯片结合了齿形电极和绝缘体，为 DEP 分离细胞提供了一个很好的替代选择。绝缘体侧壁和齿形电极的组合实现了精确的粒子聚焦和连续分离[16]。

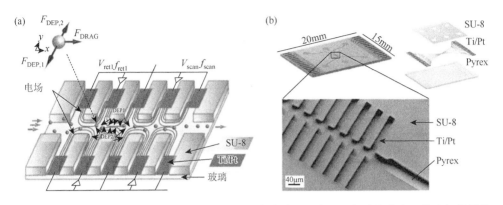

图 3.8　（a）通过施加不同频率和振幅的交流电来聚焦和分离粒子的绝缘体和二维电极装置的
示意图；（b）设备的三维绘图和扫描电子显微镜图像

**3. 三维电极**

二维电极的 DEP 力主要在薄膜电极附近的微流体通道底部可用。垂直方向的
DEP 力显著降低，力与产生电场的电极距离成反比。在电极上方一定距离处流动
的极化粒子可能不会被 DEP 捕获，由此三维电极系统开始发展，在通道深度制造
侧壁电极来产生更强的非均匀电场，同时为流体动力产生速度梯度，提高了微流
体装置的分离性能。

**1）金属三维电极**

在主通道侧壁上图案化的薄膜电极可用作三维电极（图 3.9）。与通道底部的
平面电极相比，在两侧壁上形成图案的电极提供了更强的非均匀电场，并抑制了
沿通道高度的场强衰减，从而实现细胞聚焦和分离[17]。

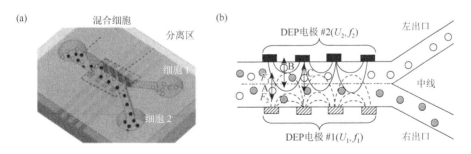

图 3.9　垂直薄膜器件和二维薄膜电极用作三维电极

（a）装置示意图；（b）分离区细胞分离图

**2）碳三维电极**

除了金属电极外，碳电极也用于 DEP 微流体装置，因为碳比金属在电化学上
更稳定，从而可以在不电解溶液的情况下施加更高的电压。由于碳电极直接由光

刻胶形成，因此材料和工艺的成本也低于金属电极。这些优势对于开发碳电极以在微流体中执行 DEP 的研究人员来说极具吸引力。

研究人员提出了一种碳三维电极系统来浓缩 λ-DNA（图 3.10）。碳电极由 SU-8 感光材料碳化制成。熔融石英基材涂有 SU-8，并将 SU-8 图案化，暴露在约 900℃的温度下，然后碳化。这些碳电极柱的高度和直径分别约为 95μm 和 58μm。然后通过分配铟将它们连接到碳垫。深度和宽度分别约为 100μm、2mm 的微流体通道制作在一堆厚度为 100μm 的压敏双面胶带上，然后覆盖一层聚碳酸酯[18]。

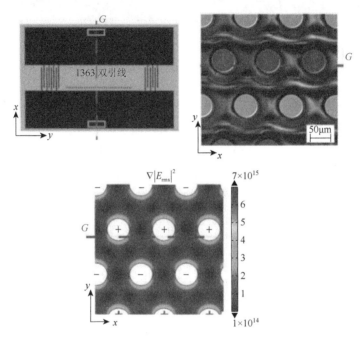

图 3.10　具有碳电极阵列的装置的示意图

3）聚合物三维电极

银片状 PDMS 的混合物是制造电极的另一种选择。与金属电极的制作不同，它去除了金属膜电极应用中的溅射和光刻，简化了制作工艺和器件结构。

三维电极是基于 PDMS 开发的（图 3.11）。氧化铟锡（ITO）引出线使用光刻方法在玻璃基板上形成图案，然后应用第二次光刻以形成三维电极模具。Ag-PDMS 三维电极由直径约为 1μm 的银片和比例为 85% 的 PDMS 前体混合物制成，倒入 ITO 引出线的顶部，随后交联 PDMS 前体。电极的宽度和间隙都约为 200μm。用软光刻制作的入口、出口和通道图案化的 PDMS 层与电极对齐，并使用氧等离子体激活方法将其黏合到玻璃基板上。两个入口和出口的直径分别约为 6mm 和 5mm。连接到入口 A 和入口 B 的通道宽度分别约为 100μm 和 200μm。主通道的宽度约为 200μm[19]。

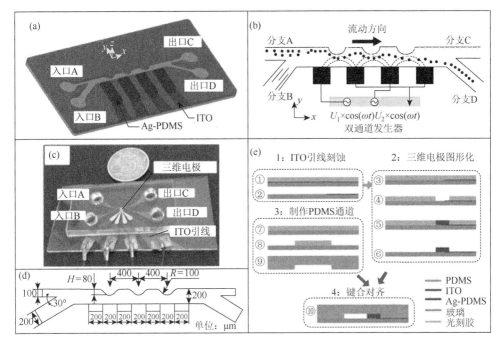

图 3.11 三维 Ag-PDMS 电极微流体装置

（a）装置示意图；（b）分离图；（c）设备的照片；（d）结构的尺寸；（e）器件的制造过程

4）硅三维电极

如图 3.12（a）所示，研究人员提出并使用深反应离子刻蚀（DRIE）工艺从硅中提取并制造了带有通道的方形柱结构，然后通过阳极键合将其与两个玻璃晶片夹在硅中。通过在 20～100kHz 的频率范围内施加幅度从 $0V_{PP}$ 到 $25V_{PP}$ 逐渐增加的交流电，使用活/死酵母细胞来测试设备的性能[20]。

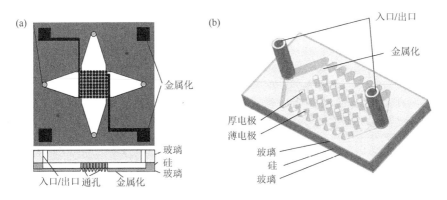

图 3.12 带有硅三维电极的微流体装置

（a）具有均匀高度的硅电极柱的器件示意图；（b）具有不均匀高度的硅电极柱的器件示意图

电极柱也可以设计成不均匀的高度，以分隔活酵母细胞和死酵母细胞 [图 3.12（b）]。该设备由两个玻璃晶片组成，中间夹着一个图案化的硅晶片，形成三维电极和分离室。将玻璃晶片阳极键合到硅晶片上，然后进行 DRIE 刻蚀硅，形成两组不同高度（约为 100μm 或 2.5μm）的柱子，以及腔室。然后将这两种结构结合在一起，形成不对称电极结构。该设备的性能使用两组细胞（死酵母和活酵母）进行测试，使用设定幅度为 20V$_{PP}$ 的交流电源，在 20kHz，一组显示 pDEP，另一组显示 nDEP[21]。

# 3.3　介电泳操控微粒的应用

介电泳操控被广泛应用在微流体中对微米、亚微米到纳米级粒子的控制。通过控制施加的电压、频率，粒子能相应运动。

## 3.3.1　介电泳分离微米级粒子——血红细胞

在细胞的分选实验中，粒子受到的外力有流体动力、自身重力、介电泳力、浮力以及流体阻力，在此主要考虑粒子受到的流体动力与介电泳力。血红细胞在介电泳芯片中进行分选的原理如图 3.13 所示[22-25]。

图 3.13　血红细胞分选原理图

1. 细胞分选系统的准备

连续细胞分选实验装置系统主要由微流控介电泳芯片、进样用微量注射泵、函数信号发生器、示波器、CCD 视频显微镜及计算机系统组成，如图 3.14 所示[26]。

整个实验装置系统的工作流程如下。

（1）开启实验装置电源，检测系统中各仪器是否工作正常。

（2）将微流控芯片置于显微镜下，调节显微镜放大倍数、光强以及焦距，使芯片中分选区域的结构图像能清晰地在计算机显示屏中呈现出来。

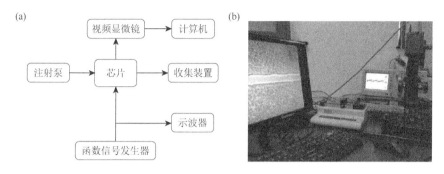

图 3.14　实验装置系统原理图（a）和装置（b）

（3）将配好的样品溶液摇匀，使粒子分散均匀，然后用连接着软管的注射器吸取样品溶液，排出注射器与软管中的气泡并使溶液充满软管。接着将含有样品溶液的注射器置于微量注射泵上，并通过软管将其与微流控芯片入口连接。

（4）用铜导线将函数信号发生器的输出端与微流控芯片的微电极外部结构相连接，调节外加电信号的电压及频率。设定微量注射泵的流速并启动进样开关，待样品溶液流入芯片后，观察视频中粒子在芯片分选区域的行为并进行视频录制及拍照，同时对从不同子通道流出的粒子进行统计并计算其分选效率。

（5）实验完成后，先断开芯片与函数信号发生器的连接以避免微电极表面因函数信号发生器的瞬间关闭而产生大量气泡。重复（2）～（4）步骤，得到不同实验参数下粒子的分选效率。

### 2. 各参数对血红细胞分选效率的影响

1）溶液流速对血红细胞分选效率的影响[27]

采用的实验参数为：电压 13V、频率 500kHz、溶液电导率 5μS/cm，实验变量为溶液流速，结果如图 3.15 所示。从图中可以看出，在溶液电导率和外加电信号确定的情况下，两侧子通道与中间子通道流出的细胞数量比例会因溶液流速的变化而改变，且血红细胞的分选效率随着溶液流速的加快出现先上升后下降的现象，并在溶液流速为 0.1μL/min 时达到极大值 87.2%。其原因在于：血红细胞在实验过程中主要受到介电泳力和流体动力的作用，其中因为实验的外加电信号和溶液电导率是确定的，所以细胞受到的介电泳力是不变的，而流体动力则会随着溶液流速的加快而增强[28]。同时，在上述实验参数下，细胞受到正向介电泳力，低流速时流体动力太小，无法克服介电泳力，所以部分细胞被两侧微电极捕获而不能随溶液流出；高流速时流体动力过大，细胞在分选区域的滞留时间过短，部分细胞还未在正向介电泳力作用下发生充分的横向偏移便从中间子通道流出。所以，低流速或者高流速下，血红细胞的分选效率都相对较低[29]。

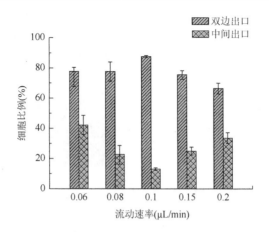

图 3.15　溶液流速与血红细胞分选效率的关系

2）频率对血红细胞分选效率的影响

根据图 3.15，采用溶液流速 0.1μL/min、电压 13V、溶液电导率 5μS/cm 的实验参数对频率与细胞分选效率的关系进行探究，结果如图 3.16 所示。从图中可知，随着电信号频率的增加，从两侧子通道流出的血红细胞比例增大，细胞的分选效率提高。其中，血红细胞在频率为 600kHz 和 1000kHz 处的分选效率较为接近，分别为 88.3% 和 89.2%，但考虑到血红细胞的溶血率随频率增加而上升，因此 600kHz 更适合作为实验电信号频率[30]。

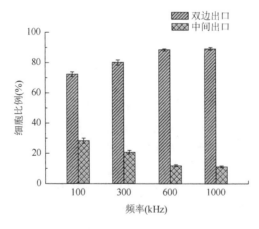

图 3.16　频率和血红细胞分选效率的关系

3）电压对血红细胞分选效率的影响[30]

在以电压为变量探究血红细胞分选效率时，其他参数设置分别为：频率 600kHz、流速 0.1μL/min、溶液电导率 5μS/cm，结果如图 3.17 所示。从图中可知，随着电压的增大,血红细胞的分选效率先上升后下降并在电压为 15V 时达到极大值 93.1%,这也是介电泳力与流体动力共同作用的结果,即流速一定时,细胞受到流体动力不变,而电压增大,细胞受到的正向介电泳力增强。当电压较小时,介电泳力小,细胞未能够在分选区域发生充分的偏移便流出芯片;当电压较大时,介电泳力大,细胞在正介电泳力作用下被捕获在两侧微电极侧壁上,无法随溶液流出芯片。

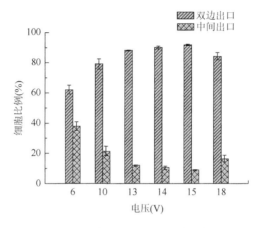

图 3.17　电压与血红细胞分选效率的关系

### 3.3.2　介电泳分离纳米级粒子——单壁碳纳米管

单壁碳纳米管因其尺寸和优异的性能而受到人们的广泛关注,可作为复合材料中的导电添加剂和集成电路中的纳米级引线,其中半导体单壁碳纳米管可作为场效应晶体管。然而,目前所有的合成方法只能产生半导体、半金属和金属电子类型的非均匀混合物。因此探索出分离金属和半导体碳纳米管的方法对应用尤为重要[31]。

其中一种方法是优先在混合物中破坏一种类型的碳纳米管,以及用化学和物理方法分离。然而,这些方法都不允许高选择性地大规模分离。近年来,非破坏性分离方法得到了积极的研究,包括介电泳、密度梯度超离心(DGU)法和琼脂糖凝胶分离。本节介绍一种在微流控通道中通过介电泳实现完全无损、可扩展的分离方法。

1. 分离系统设计

基于单壁碳纳米管性质均匀、形状效应可以忽略的假设,基于粒子的动力学特点是介质和粒子电学性质的反映这一事实,Shin 等设计了 H 型微流控通道(图3.18),

利用微流控通道中的介电泳从半导体和金属物种的混合物中连续提取高纯金属单壁碳纳米管，该 H 型微流控通道有两个入口和两个出口，从而产生层流，通过控制流动条件来减少穿过两种流动边界的扩散和对流传输[2]。

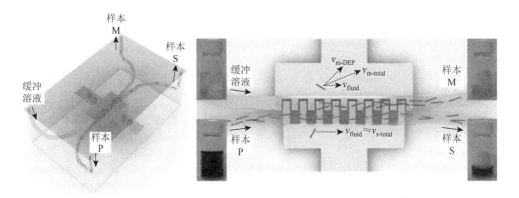

图 3.18　具有两个入口和两个出口的 H 型通道，M 和 S 表示在每个出口处收集的纯金属和富半导体单壁碳纳米管样品

　　可采用有限元方法对流动条件进行仔细模拟，以最小化纳米管在两种流动之间的扩散和对流传输。流动通道交叉处纳米管的扩散混合受扩散系数和流速的影响。对于随机运动的长椭球，扩散常数 $D$ 由下列方程决定：

$$D = 3k_{B}T/f \tag{3.11}$$

$$f = 3\pi\eta l/\lg(l/r) \tag{3.12}$$

式中，$k_{B}$ 为玻尔兹曼常数；$T$ 为热力学温度，K；$f$ 为摩擦系数；$\eta$ 为流体黏度；$l$ 为纳米管长度；$r$ 为纳米管半径。若碳纳米管的长度和半径分别为 1μm 和 2nm，根据模拟结果，选择 0.001mL/min 的流速来使碳纳米管的扩散作用最小。

　　目标碳纳米管在通道中移动时，会受到一定的阻力。假设扩散运动可以忽略不计，碳纳米管的运动方程可以表示为

$$m\frac{dv}{dt} = F_{DEP} + f(v-u) \tag{3.13}$$

式中，$F_{DEP}$ 为介电泳力；$m$ 为碳纳米管的质量；$v$ 为碳纳米管速度；$u$ 为流体速度；$f$ 为摩擦系数。样品 P 为分离前的碳纳米管原始混合液。在微流控通道的每个出口分别获得含有纯金属和富半导体单壁碳纳米管的样品 M 和样品 S。金属型单壁碳纳米管在垂直方向上的介电泳力大于半导体型单壁碳纳米管，当 $F_{DEP}$ 明显大于流体黏性阻力时，金属型单壁碳纳米管可以穿过两种流体之间的边界向 M 口流出（如图 3.18 中样本偏上半部分）。而半导体型单壁碳纳米管则向 S 口（如图 3.18 中样本偏下半部分）流出以达到分离的目的。

**2. 分离设备制造**

图 3.19 显示了该 H 型微流控芯片的光学图像。微流控芯片由 PDMS 覆盖层和垂直玻璃基板组成。利用光刻技术在玻璃基板上以 100nm 厚的铂层和 50nm 厚的钛附着层形成微电极。电极间距为 30μm，宽度为 60μm。电极顶部是厚度为 150nm 的氧化层，以防止沉积单壁碳纳米管。厚度为几微米的 PDMS 层用于增强衬底和 PDMS 覆盖层之间的附着力。流体通道是在 PDMS 覆盖层中使用 SU-8 负向光刻胶打造的。沟道高度为 300μm，宽度为 150μm。嵌入电极的长度为 2.45mm，两个通道之间没有任何阻隔的结长度为 5mm。通过机械穿孔在 PDMS 壁上生成两个入口孔和两个出口孔。这些孔通过聚四氟乙烯（PTFE）管连接到四个注射器泵。氧等离子体处理后，PDMS 覆盖层与玻璃基板结合。氧等离子体过程在 PDMS 表面产生硅醇基团（Si—OH），增强附着力。

图 3.19 H 型微流控芯片

通过电弧放电法制备单壁碳纳米管。将碳纳米管与十二烷基硫酸钠水溶液混合，540W 超声持续作用 20min。然后将碳纳米管悬浮液超离心 4h，取上层清液进行进一步实验。入口 1 注入碳纳米管溶液，在入口 2 处引入一种采用相同方法制备的不含碳纳米管的缓冲溶液。垂直排列的电极位于缓冲流的侧壁。碳纳米管受到介电泳力从入口一端向出口一端移动。在分离过程中，电极与碳纳米管之间的缓冲流阻止了碳纳米管在电极上的沉积。

在微流控通道中通过介电泳分离电弧放电金属单壁碳纳米管。对微流控芯片的设计进行了优化，以防止碳纳米管沉积在电极上，从而延长操作时间。在一个出口处获得了高浓度的金属管，而在另一个出口处则存在金属和半导体物质的混合物。虽然悬浮碳纳米管浓度较低，但可以获得更长的金属管。

### 3.3.3　介电泳分离亚微米级粒子——乳胶球

亚微米粒子，如乳胶球和病毒，可以用 DEP 操控和表征。通过使用适当的微电极阵列，粒子可以被捕获或在高或低电场区域之间移动。DEP 力的大小和方向取决于粒子的介电特性，因此可以将非均匀粒子的混合物分离。本节介绍对于乳胶球的处理实验。

DEP 可以分离亚微米粒子，利用微电极，在正确的频率和介质导电性下，可以根据亚微米乳胶粒子的表面电荷特性将其分离出来。用光刻法或电子束光刻法制备多项式和巢状几何形状的电极技术已逐渐成熟，常用于操控和捕获粒子，多项式电极如图 3.20（a）所示，巢状电极如图 3.20（b）所示。此外，还制作了由两个平行板组成的简单电极，如图 3.20（c）所示，电极是采用直写式电子束光刻技术在玻璃显微镜载玻片上制造的，阵列覆盖面积通常为 10mm×10mm[32]。DEP 实现亚微米粒子乳胶球的分离使用间距范围在 2~25μm 的电极。

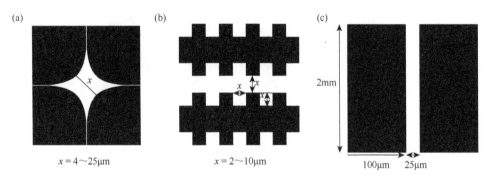

图 3.20　（a）多项式电极；（b）巢状电极；（c）两板构成的平行板电极

在一个具有恒定场梯度（低频）的动态流过分离系统中，大颗粒会先于小颗粒脱离。亚微米乳胶粒子的 DEP-频率特性已经得到了很好的表征。它们的响应主要受表面电荷效应控制，在低电导率下，粒子几乎只表现出正的 DEP，在超过麦斯威尔-瓦格纳界面弛豫时间的频率上变为负的 DEP。

总之，尽管 DEP 操控亚微米颗粒的确定性运动可能会因流体动力效应而变得复杂，如散热引起的热力学效应、扩散引起的流体动力等。但可证明，颗粒上的力是可以预测的，并进而是可以控制的。因此，可以预见，DEP 的最新技术进展可以与电动力流体运动一起应用于开发适于对亚微米和纳米级颗粒进行表征、操作和分离的新方法。

## 3.4 小 结

基于 DEP，涉及纳米颗粒的化学和生化分析的开发日益受到重视。两种模式的 DEP 可能占主导地位，即金属电极基（eDEP）和绝缘体基（iDEP）。在需要高电场值及其梯度的情况下，如对纳米粒子（如外泌体、蛋白质、病毒、碳纳米管）的空间操控，eDEP 在许多情况下是首选；选择性分离生物细胞也是如此；此外还有以细胞为基础的药物发现方案的制定、电子传感器和纳米粒子的组装（如碳纳米管）。iDEP 将特别适用于生物制品的分离或检测，如 DNA、RNA、蛋白质或细菌，其中操作选择性是基于表面电荷的差异。研究热点包括利用光导电极开发生物制品的动态检测模式，以及细胞基因型和 DEP 表型之间的全基因组图谱。

细胞操作是 DEP 诊断和生物分析应用的主要驱动力，在过去的 10 年里，该领域又扩展到其他种类的生物分析，通常在亚细胞水平，甚至实现了重要生物分子的诊断。各种材料和形状的微纳米颗粒在 DEP 领域技术上的重要应用不断发展。据报道，DEP 在设备设计和几何形状方面有广泛的创新，常用于捕获、分类、分馏、分离各种生物和非生物来源的分析物。值得注意的是，被用于分析的样本呈现越来越小的发展趋势，包括微生物（如诊断重要的细菌和病毒）、生物分子（如 DNA 和蛋白质）。

此外，由于 DEP 操作是非破坏性的，它为生物样本的直接处理提供了很大的潜力，而无需样品制备步骤。然而，目前基于 DEP 分析的一个主要限制是能否使用最低要求制备的生物样品，因为只有少数报道的研究使用原始生物样本。DEP 与生物样本的未来进展将开启真正的即时护理技术和临床应用的道路。生物样本应用的限制也可能限制 DEP 的商业应用，因为报道的应用主要限于研究。

微纳米制造技术的进步为 DEP 器件制造技术提供了便利，也为生物分析、分析化学等理论学科提供了应用途径。随着 3D 打印技术的出现，DEP 平台的制造可能不需要无尘室设备，也不需要复杂的多材料制造过程。3D 打印平台可以消除任何烦琐的制造过程，从而节省设备制造时间和提高产量，还可以实现新设备设计和几何形状的原型制作及更快的测试，有助于 DEP 领域的整体进展。

### 参 考 文 献

[1] Pohl H A. The motion and precipitation of suspensoids in divergent electric fields[J]. Journal of Applied Physics, 1951, 22（7）: 869-871.

[2] Shin D H, Kim J, Shim H C, et al. Continuous extraction of highly pure metallic single-walled carbon nanotubes in a microfluidic channel[J]. Nano Letters, 2008, 8（12）: 4380-4385.

[3] Weirauch L, Lorenz M, Hill N, et al. Material-selective separation of mixed microparticles via insulator-based

dielectrophoresis[J]. Biomicrofluidics，2019，13（6）：64112.

[4]　　Pohl H A，Crane J S. Dielectrophoretic force[J]. Journal of Theoretical Biology，1972，37（1）：1-13.

[5]　　Mauro A. Dielectrophoresis：The behavior of neutral matter in nonuniform electric fields[J]. The Quarterly Review of Biology，1980，55（1）：68-69.

[6]　　Hughes M P. Fifty years of dielectrophoretic cell separation technology[J]. Biomicrofluidics，2016，10（3）：032801.

[7]　　蔡文莱，黄亚军，刘伟阳，等. 柔性微粒介电泳分离过程的多尺度模拟[J]. 力学学报，2019，51（2）：405-414.

[8]　　Kim D，Sonker M，Ros A. Dielectrophoresis：From molecular to micrometer-scale analytes[J]. Analytical Chemistry，2019，91（1）：277-295.

[9]　　Huang Y，Wang X，Tame J A，et al. Electrokinetic behaviour of colloidal particles in travelling electric fields：Studies using yeast cells[J]. Journal of Physics D：Applied Physics，1993，26（9）：1528-1535.

[10]　Chen Q，Yuan Y J. A review of polystyrene bead manipulation by dielectrophoresis[J]. RSC Advances，2019，9（9）：4963-4981.

[11]　Qian C，Huang H，Chen L，et al. Dielectrophoresis for bioparticle manipulation[J]. International Journal of Molecular Sciences，2014，15（10）：18281-18309.

[12]　Čemažar J，Kotnik T. Dielectrophoretic field-flow fractionation of electroporated cells[J]. Electrophoresis，2012，33（18）：2867-2874.

[13]　Wei C，Wei T，Liang C，et al. The separation of different conducting multi-walled carbon nanotubes by AC dielectrophoresis[J]. Diamond and Related Materials，2009，18（2）：332-336.

[14]　Mohammadi M，Madadi H，Casals-Terré J，et al. Hydrodynamic and direct-current insulator-based dielectrophoresis（H-DC-iDEP）microfluidic blood plasma separation[J]. Analytical and Bioanalytical Chemistry，2015，407（16）：4733-4744.

[15]　Zhang J，Yuan D，Zhao Q，et al. Tunable particle separation in a hybrid dielectrophoresis（DEP）-inertial microfluidic device[J]. Sensors and Actuators B：Chemical，2018，267：14-25.

[16]　Demierre N，Braschler T，Muller R，et al. Focusing and continuous separation of cells in a microfluidic device using lateral dielectrophoresis[J]. Sensors and Actuators B：Chemical，2008，132（2）：388-396.

[17]　Wang L，Lu J，Marchenko S A，et al. Dual frequency dielectrophoresis with interdigitated sidewall electrodes for microfluidic flow-through separation of beads and cells[J]. Electrophoresis，2009，30（5）：782-791.

[18]　Martinez-Duarte R，Camacho-Alanis F，Renaud P，et al. Dielectrophoresis of lambda-DNA using 3D carbon electrodes[J]. Electrophoresis，2013，34（7）：1113-1122.

[19]　Jia Y，Ren Y，Jiang H. Continuous dielectrophoretic particle separation using a microfluidic device with 3D electrodes and vaulted obstacles[J]. Electrophoresis，2015，36（15）：1744-1753.

[20]　Pethig R. Review-where is dielectrophoresis（DEP）going？[J]. Journal of the Electrochemical Society，2017，164（5）：3049-3055.

[21]　Iliescu C，Tresset G，Xu G. Dielectrophoretic field-flow method for separating particle populations in a chip with asymmetric electrodes[J]. Biomicrofluidics，2009，3（4）：44104-44110.

[22]　Moon H，Kwon K，Kim S，et al. Continuous separation of breast cancer cells from blood samples using multi-orifice flow fractionation（MOFF）and dielectrophoresis（DEP）[J]. Lab on a Chip，2011，11（6）：1118-1125.

[23]　周道斌，张之南，武永吉. 两阶段液体培养法分离外周血中早期红细胞[J]. 中华血液学杂志，1998，19（5）：47-48.

[24]　宋毅，李蓓，张进，等. 全自动全血成分分离机制备洗涤红细胞效果观察[J]. 中国数学杂志，2015，28（6）：

726-727.

[25] 姚佳烽，姜祝鹏，赵桐，等. 多电极阵列微流控芯片内细胞介电泳运动分析[J]. 分析化学，2019，47（2）：221-228.

[26] Sherif S，Ghallab Y H，El-Wakad M T，et al. Cell trapping by dielectrophoresis to enhance the identification and detection of biological cell[J]. IEEE，2020.

[27] Han J，Ye L，Xu L，et al. Towards high peak capacity separations in normal pressure nanoflow liquid chromatography using meter long packed capillary columns[J]. Analytica Chimica Acta，2014，852：267-273.

[28] Lapizco-Encinas B H. The latest advances on nonlinear insulator-based electrokinetic microsystems under direct current and low-frequency alternating current fields：A review[J]. Analytical and Bioanalytical Chemistry，2021，414（2）：885-905.

[29] Lewpiriyawong N，Yang C，Lam Y C. Continuous sorting and separation of microparticles by size using AC dielectrophoresis in a PDMS microfluidic device with 3-D conducting PDMS composite electrodes[J]. Electrophoresis，2010，31（15）：2622-2631.

[30] Li Y，Wu G，Yang W，et al. Prognostic value of circulating tumor cells detected with the CellSearch system in esophageal cancer patients：A systematic review and meta-analysis[J]. BMC Cancer，2020，20（1）：581.

[31] 宋春磊，任玉坤，何文俊，等. 基于金属橡胶和介电泳效应的微粒循环过滤实验研究[J]. 实验流体力学，2020，34（2）：39-45.

[32] Ramos A，Morgan H，Green N，et al. Ac electrokinetics：A review of forces in microelectrode structures[J]. Journal of Physics. D，Applied physics，1998，31（18）：2338-2353.

# 第 4 章 自 组 装

在没有外界人为力量的干扰下，一些结构单元（纳米材料尺度、微米尺度、分子尺度或者更大尺度）自发地组成有序结构的过程称为自组装。这一过程通常时间很长。经证明，微流控技术由于其操控各种流体性能的能力，可以精准控制尺度和速度，操控微纳米尺度衬底，成为一种实现自组装的强大工具。本章对自组装的定义进行介绍，从微米尺度、纳米尺度和分子尺度三个方面对自组装的结构及生成实验进行了分析介绍。

## 4.1 自组装背景介绍

在过去的几十年里，人们对具有复杂结构的新型活性材料（如软物质和多功能材料）的需求迅速增长，这些材料的构建已经成为一个热门话题。到目前为止，在控制"积木"自组装成各种更大/有序的高层次结构方面取得了很大进展，传统的方法有利用模板、电场或磁场、定向物理或化学结合等方法来进行受控组装。然而，这些控制方法的精细度不够。微流控技术提供了一种方法，通过简单地调节流体的流体动力学来控制分子自组装。目前可以利用微流控技术将不同的"积木"一步直接自组装成多用途、多形状的产品，这些具有不同形貌的组装体在癌症治疗、微电机制造和药物控制输送等领域有着广泛的应用。

### 4.1.1 定义

已预先存在的组分仅凭其自身内部的特定局域相互作用而无外部指导作用的情况下，由无序状态形成有组织的结构或图案，这个过程称为自组装（self-assembly）。当发生自组装时，在非共价键的作用下，这些基本结构单元会自发组合形成有着一定规则的外观、稳定的结构[1, 2]。

自组装分动态自组装和静态自组装两种。其中，静态自组装为一个稳定的系统，处于一种平衡的状态，且不耗散能量。例如，分子晶体是由静态自组装形成的；大多数折叠的球状蛋白质也是如此。尽管在形成有序的结构时需要能量的参与，但是当有序结构形成之后，系统便会稳定下来。本节讨论的是静态自组装的概念。而相对地，当系统处于耗散能量的状态时，这些基本单元在一些相互作用之下组合形成一个有着一定规则的外观、稳定的结构,即动态自组装。大自然有序体的形成如细胞的诞生、生物体的发育等都属于动态自组装的范畴[3]。

## 4.1.2 特征

自组装要求基本结构单元之间必须能够相对移动,各组件之间的引力和斥力的平衡决定稳态位置。组成单元的特性(如形状、表面性质、电荷、极化率、磁偶极子、质量等)决定了它们之间的相互作用。针对功能需求,根据组件实体的结构、特性完成系统设计是自组装应用的关键。以下三个特征使自组装成为一个独特的概念。

### 1. 有序性

自组装实体在形状上或其他特定物理属性上有可实现的倾向性,其结构需具有比单独组分更高的有序性。这种有序性在化学反应中通常无法实现,因为在化学反应中,有序状态可能根据热力学参数向无序状态发展[4]。

### 2. 相互作用

自组装第二个特征在于更为松弛的相互作用力(如范德瓦耳斯力、毛细作用、氢键),相对于常规的共价键、离子键或金属键,次价键的能量仅为前者的十分之一,但这些弱相互作用在材料合成中起着重要作用。尤其是在生物系统中是如何起到重要作用对于了解自组装过程很有帮助。例如,它们决定了液体的物理性质、固体的溶解度和生物膜中分子的组织情况。

### 3. 基本单元

自组装的第三个显著特征是,构成最终结构的基本单元不仅局限于原子和分子,也包括了在宽泛的尺度范围下的纳米和微观结构,它们可以具有不同的化学成分、形状和功能。最近的新型基本单元包括多面体和片状颗粒。还有一些有着比较复杂的形状的微粒,如二聚体、棒状、半球形和多聚体等。这些纳米尺度的基本单元既可以通过传统的化学途径形成,也可以通过其他自组装方式形成(如种子介导生长合成)。

## 4.1.3 自组装的微细尺度控制手段

与整体溶液或宏观系统中专注于微观结构的自组装不同,微流控装置的优势体现在能精确控制流体流动实现对特定方向的跟踪和引导。

在微流控装置中,根据拉普拉斯压力定律,几何形状的微小变化会引起界面张力的差异。因此，受限几何结构中的流体可以通过界面张力梯度来引导。可以将导轨和锚嵌入微流控装置来引导、捕获液滴和其他物体[图 4.1（a）]。根据微通道内和通道外之间的小界面张力差控制纳升液滴在宽而细的微通道中移动[图 4.1（b）][5]。界面张力的微小变化可以作为导轨，引导液滴在相对较低的流速下沿着复杂的轨迹移动，最终形成局部孔洞，作为支撑液滴的锚。利用微通道的高度变化来创建液滴的表面能量梯度，可以诱导液滴按设计的方式移动。此外，如图 4.1（c）所示，微流控设备中的导轨还可用于引导具有凹凸结构的物体通过不同的流体溶液移动联锁成复杂结构，从而克服溶液之间强烈的界面张力[6]。

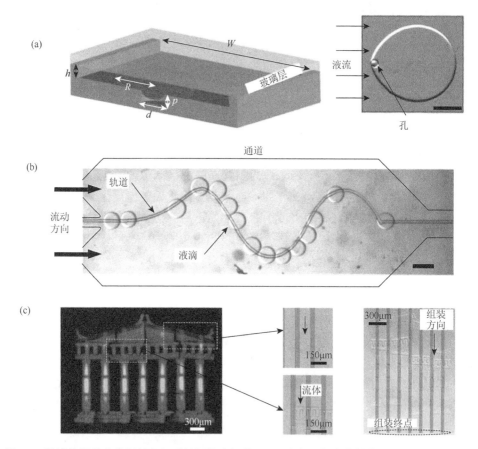

图 4.1　微流控器件中微目标和细观目标的自组装；（a）定义几何参数的装置示意图（左）和固定在沟槽顶部孔洞上的水滴（右），连续相从左向右流动（比例尺表示 250μm）；（b）沿微轨从左向右引导的多个水滴的显微镜图像（比例尺表示 250μm）；（c）轨道微流体复杂的自组装

　　利用微流控诱导组装技术已经获得了由蛋白质、磁性微珠或细胞聚集体组成的结构，在催化剂、传感器、显示器和药物输送等领域具有潜在的应用前景[7]。

# 4.2 纳米尺度的自组装

自组装是一种制备纳米结构的有效工具，如纳米粒子、纳米线、纳米纤维、纳米棒等。为了形成这些有序的结构，分子（聚合物、表面活性剂）和纳米结构（纳米粒子）被用作构建块。

纳米粒子及其组装结构已广泛应用于化学工程、机械工程和生物工程等领域。因此，微流控技术作为纳米粒子自组装研究的一种有吸引力的技术，由于其在微、纳米尺度上对流体和界面的有效操控，在近十年来受到了广泛的关注。对于不同材料的自组装或同种材料不同比例的自组装都有特定的表面特征、特性等，适用在特定场景中。本节介绍了两种纳米粒子自组装结构：胶体光子晶体、非球形结构[8]。

## 4.2.1 自组装光子晶体

### 1. 光子晶体介绍

光子晶体是一种可以调控光子传播的周期性的光学纳米结构，其对于光子的调控类似于离子晶格对电子运动的调控。而在自然界中，光子晶体的存在形式主要有两种，分别是动物反射器和结构着色，它们各自存在的形式都可以在对应的应用中有所表现。

光子晶体由周期性电介质、金属电介质甚至超导体微结构或纳米结构组成，包含周期性重复的高介电常数和低介电常数的区域。光子（表现为波）能不能通过这个光子晶体结构取决于波长。传播的波长称为模式，允许的模式组形成光子的导带，不允许的波段称为光子禁带（也称带隙）。这样的性质产生了独特的光学现象，如自发辐射抑制、高反射全向反射镜和低损耗波导。

光子晶体结构的周期必须是被衍射电磁波波长的一半左右。对于可见光波段工作的光子晶体来说，大约是从 350nm（蓝色）到 650nm（红色），平均折射率不同，则周期可能会更小。因此，高介电常数和低介电常数的重复区域必须以这种尺度来制造，这样特殊的尺寸要求使得其制造难度增加，而微流控技术可实现微小尺寸的结构制备，操控光子晶体自组装是实现光子晶体制备的可行方式。

### 2. 自组装光子晶体实验

胶体纳米粒子在微流体中自组装成光子晶体是由于其特殊的光学和电学特性而发展起来的，它已被应用于超高速分析物分离和高灵敏度检测。利用一步式微流控通道在离心和蒸发的辅助下，在 15min 内实现了一步式充填胶体颗粒形成光子晶体，且没有明显的裂纹。将微流体、纳米粒子自组装和刺激响应材料相结合，可制备出光子晶体胶体粒子，并应用于传感器、显示器、驱动器、生物检测和药物传递等领域。

　　如图 4.2 所示，当微流控技术、大尺度聚合物材料和纳米颗粒这三个因素合理组合时，可以得到由不同材料组成的层次结构。微流控光子晶体的可控自组装主要是基于微流控芯片中根据微尺度结构或流体流动的约束可控形成纳米或微液滴[9, 10]。纳米颗粒可以作为分散体被分散在大尺度流体预聚物溶液中，然后在连续相的微流体装置中被封装为分散的液滴。微液滴可在通道内被进一步处理，或在通道外被收集。预聚物溶液中的纳米颗粒可以通过聚合作用被锚定、捕获/组织和冻结在聚合物微粒上。通过这种结合，宏观尺度材料被分成具有纳米尺度结构的微观尺度颗粒。例如，Parker 等基于微流场中纤维素光子纳米晶体（CNC）自组装过程的几何约束效应，制备了多长度尺度的分级纤维素结构[11]。

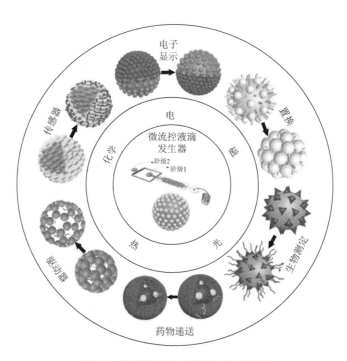

图 4.2　微流控光子晶体的可控自组装

1）纤维素纳米晶体实验

　　Parker 等基于微流场实验纤维素光子纳米晶体自组装过程，利用一种分级的胆甾醇结构（图 4.3），在收缩的微米大小的水滴中自组装纤维素纳米晶体。这种受限的球形几何形状极大地影响了胶体的自组装过程，从而导致液滴内部同心有序[11]。

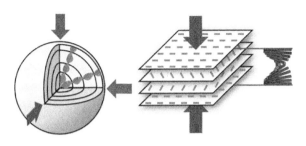

图 4.3 螺旋胆甾醇结构在三维收缩时的影响

通过控制纤维素纳米晶体在微滴中的自组装过程，在多个长度尺度上制备了受生物启发的分级纤维素结构。获得的液滴是足够单分散的，允许局部研究自组装的 CNC 水悬浮液。以上研究进一步证明了几何约束对纤维素纳米晶体的自组装产生了巨大的影响。

2）操控纤维素晶体自组装微流控装置

单分散油包水微滴是在微流体装置内产生的。微流控装置是通过软光刻技术由聚二甲基硅氧烷（PDMS）制造的，其中微通道网络通过紫外光刻技术将自旋涂上 SU-8 光刻胶的硅片转移到硅片上形成模具。PDMS 和交联剂以 10∶1 的比例倒在这个模具上，并在 70℃的温度下放置一夜。去除带有微流控通道设计印迹的 PDMS 层，并使用活检穿孔机（1.0mm）打造进气孔和出气孔。将带有印迹的 PDMS 和玻璃基板暴露在氧等离子体中 8s，然后压在一起形成密封微流控通道。为了研究微滴内部 CNC 悬浮液的自组装特性，采用了通道深度为 80μm 的 200μm 流动聚焦结。为了分析固体微粒的结构，采用较小的流动聚焦结（43μm×43μm）产生模板微滴。

## 4.2.2 自组装非球形纳米结构

就结构而言，纳米粒子主要以球形存在。然而，非球形纳米粒子也获得了普遍应用，如纳米棒、纳米线和纳米盘等。非球形纳米粒子根据其形状表现出一维、二维或三维的不对称性。因此，与球形纳米颗粒相比，这种纳米颗粒的组装相对困难[12]。如果这种不对称的粒子能够组装成规则的结构，就可以获得特定的性质，以实现更精确的结构。

### 1. 研究意义

近年来，胶体等离子纳米晶体已成为现代纳米科学和纳米技术的重要组成部分，可广泛应用在电子、能源、医药、催化、生物传感成像和治疗等方面。这些应用大多是基于强局域表面等离子体共振（LSPR）产生的等离子体纳米结构的丰富光学特性而开发的。而在不考虑其他参数的情况下，局域表面等离子体共振强烈依赖于纳米粒子的形状。因此，贵金属纳米晶的形状控制合成在近二十年来引起了人们的广泛关注。而对于未来电子器件的发展，以形状控制的方式合成均匀的贵金属纳米粒子将是其关键突破点。

因此研究人员开发出了许多合成方法来制备不同形貌的纳米晶体。其中，种子介导生长法已被界内认可并成为一种可靠、通用的方法，以此为基础，制备出了各种形态的纳米晶体，如球体、棒状、立方体、八面体、十面体和三角形[13, 14]。

## 2. 生成方法

贵金属纳米晶体在固相中的形成是一个长链的反应过程。一般来说，这些过程可以分为两个不同的阶段：成核和生长。在成核阶段，金属前驱体的还原或分解导致金属原子的形成。这些金属原子随后自组装成小簇，并进一步成长为相对稳定的晶核。在生长阶段，这些晶核作为金属纳米碳化物生长的种子。根据成核和生长阶段的时空差异，金属纳米晶体的合成可分为均相成核和非均相成核两大类。对于均相成核，纳米粒子在原位生成。其成核和生长通常是通过相同的化学反应实现的。对于非均相成核，将预合成的种子纳米粒子加入生长溶液中，进一步生长成目标金属纳米晶体[15]。

成核和生长阶段的时间分离需要一个狭窄的尺寸和形状分布。作为非均相成核的典型例子，种子介导生长法可以很好地满足这一要求。一个典型的种子介导的生长过程包括贵金属种子纳米粒子的制备过程，及其随后在含有金属前驱体、还原试剂和形状导向试剂的反应溶液中生长过程。最常用的定向形状试剂是阳离子表面活性剂，如十六烷基三甲基溴化铵（CTAB）和十六烷基氯化吡啶（CPC）。在生长阶段，由于金属前驱体的催化性能，金属前驱体的还原优先发生在种子表面，从而导致金属纳米晶体的进一步生长。与其他方法相比，种子介导的成核和生长阶段分离得很好，从而更好地控制了金属纳米晶体的尺寸、分布和形状演化。由于这些优点，种子介导的生长方法在研究贵金属纳米碳化硅的生长机制方面具有重要的应用前景[11]。

## 3. 实验

Sergio 等利用种子介导生长法合成尺寸可调的金纳米八面体。他们以预合成的单晶金纳米为种子，丁烯酸为温和还原剂，在水介质中以高收率合成均匀金八面体金纳米晶体[16]。

实验分为两部分：金纳米棒的合成和金八面体的合成。

1）金纳米棒的合成

采用种子介导生长法制备了表面近似为880nm的等离子体共振金纳米棒。在典型的合成过程中，在 4.7mL CTAB 和 25μL HAuCl₄ 的混合溶液中，快速加入 0.3mL 新鲜制备的冰冷 NaBH₄ 溶液，在强烈搅拌下制备金种子溶液。搅拌 5min 后，溶液颜色变为浅棕色。将得到的种子溶液室温保存 1h 后加入生长液中。在含有 CTAB、HAuCl₄、抗坏血酸和硝酸银的生长液（10mL）中加入等量种子溶液（24μL）制备金纳米棒。为了完成金纳米棒的生长过程，将反应瓶置于 30℃过夜。制备的金纳米棒通过离心纯化除去生长过程后剩余的反应物和表面活性剂。纯化后的金纳米棒再分散在 CTAB 溶液中，完成金纳米棒的制备。

2）金八面体的合成

在典型合成中，将 CTAB 与 HAuCl₄ 混合，再加入丁烯酸，使 $Au^{3+}$ 还原为 $Au^+$。将反应混合物保持在 60℃，溶液颜色逐渐消失，表明 $Au^{3+}$ 还原完成。然后加入作为种子的纯化后的金纳米棒，反应瓶 60℃过夜，完成金八面体的生长。通过改变溶液与金纳米棒的摩尔比，可以改变金八面体的最终尺寸。将制备好的金八面体离心，丢弃上清，将沉淀重新分散到水中，完成制备。

3）微流体诱导金八面体组装

用于诱导金八面体组装的微流控蒸发池是使用标准的软光刻技术创建的。实验中制备微观诱导组装体的示意图如图 4.4 所示。首先用可光固化的抗蚀剂制备主模板，然后在其上旋转涂覆 PDMS 薄膜。膜在 60℃下固化 30min。此外，通过浇筑和高温固化 PDMS，在培养皿中制备厚 PDMS 图章。通过等离子体处理，将厚 PDMS 图章密封在薄 PDMS 膜上，然后从模板上剥离，并在模板上穿孔，为储层创造一个开口。最后，将 PDMS 芯片沉积在干净的显微镜载玻片上。测试了宽度为 100μm、高度为 7μm、长度不同的不同微流控通道，并通过将纳米颗粒的水溶液分散注入微流控蒸发器，然后只通过膜蒸发溶剂，制备金八面体组件。最后，将 PDMS 模板从玻片上剥离，以表征组装体。

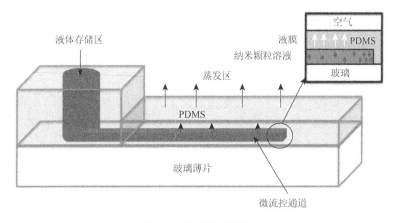

图 4.4　微流控蒸发池

# 4.3 微米尺度的自组装

## 4.3.1 酵母细胞自组装成纤维小体

### 1. 纤维小体介绍

纤维小体（celloidosomes）是一类新的人工合成的多细胞集合体，是由单个活细胞组装而成的球形胶囊[17, 18]。一般认为，细胞在球形模板表面的自发吸附是由某种特定的相互作用触发并建立了细胞间的联系[19, 20]。细胞组装过程是多细胞生物体建立的基础，生物体正是在细胞和组织的组装过程中获得其最终的形状和功能。复杂生物结构的功能由特定的细胞间和细胞外基质相互作用决定。与胶体类似，纤维小体是由细胞通过可调节的胶体相互作用在液-液、液-固或液-气界面上自组装而形成的。应用程序可以基于不同特征如细胞类型、形状、结构和功能等进行组合。

三维细胞组织和细胞培养在构建更复杂的组织结构中至关重要，而三维环境更接近于再生医学发展的自然组织结构环境。纤维小体独特的三维组织细胞结构（具有生物膜/组织外壳和核心的活胶囊，充当容器或储藏器）可以作为器官重建的一种方法，如作为单独的人工微腺单位。根据所需的功能，内芯可用于存储或捕获响应外部刺激（化学、热、电等）而从生物膜（壳）产生的化学信号。微量的信号化学物质将被分离并集中在胶囊内，提供更高的检测灵敏度。纤维小体在人工器官、生物微容器（微型生物反应器）的开发以及新型人工多细胞生物体等方面都有广泛的应用。

### 2. 自组装酵母纤维小体实验

利用微流控技术，通过酵母细胞在液-固或液-气界面上的自组装，制备了酵母小体（酵母-纤维素体）。如图 4.5 所示，精确控制液滴和气泡形成微流控设备中的流体流动，可生产单分散、尺寸选定的模板。组装活细胞的一般策略是通过表面电荷调节模板（凝胶或气芯）和细胞之间的静电吸引力。采用逐层聚电解质沉积的方法来反转或增强固体表面的电荷。在适当的条件下，当有足够的静电驱动力时，能够产生高质量的单层去壳酵母小体结构。

Sakai 等[21]使用流动聚焦微流控技术来产生单分散的琼脂微凝胶颗粒作为固体模板，使用 T 型连接微流控创建高质量的气泡来模板化酵母小体。琼脂糖是一种天然提取的多糖，已被广泛应用于细胞包埋[20]。天然酵母细胞能够自发地聚集在相对电荷的琼脂糖凝胶表面，类似于聚集在相反电荷胶体周围的纳米颗粒光

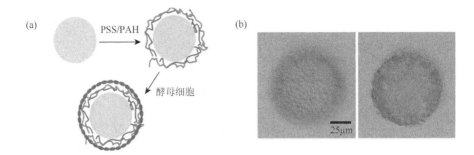

图 4.5   以琼脂糖水凝胶颗粒为模板的均匀单层酵母小体：（a）聚电解质和酵母细胞层组装过程
的示意图；（b）聚焦于下（左）和中（右）平面的均匀包被的酵母小体的显微镜图像

晕[22, 23]。通过荧光染色检测组装形式的酵母细胞的活性，并对酵母小体进行干燥
循环以检查膜的完整性。

## 4.3.2   磁性微珠自组装

### 1. 研究意义

磁性微珠在磁场诱导下在微流体介质中可以自组装成链或簇。这种结构增加
了磁珠与外界的主动接触，因此有利于传感应用。磁珠链或磁珠簇可以使微流控
生物传感器的灵敏度提高 5 倍以上[24]。通过调节葡聚糖（DEX）/聚乙二醇（PEG）
液-液界面张力和磁场强度，可以调节团簇中的粒子数量。这种在微流控装置中操
控水-水两相体系的可能性为生物相关研究提供了一个有用的平台。

除了链和簇之外，通过结合磁驱动组装和微流控"打印"，微纤维被磁性组装
以模拟体内组织（图 4.6）[25]。通过优化组装面积和磁性纳米颗粒浓度，可以提
高磁性组装过程的效率和生物相容性。

### 2. 磁性微珠自组装成链/簇

自下而上组装微米颗粒方法是通过颗粒之间的非特异性结合（如范德瓦耳斯
力和静电力）或通过颗粒表面的（生物）分子之间的特异性结合（如亲和素-生物
素、抗原-抗体）而排列成晶体结构。

在诸如抗原与抗体或链霉亲和素与生物素之类的生物分子之间进行特异性结
合时，在诱导球体之间的特定结合之前需要施加额外的外部约束，以促进结构单
分子层的形成。对于含有超顺磁性粒子（珠）的微球，这种外部约束可以是在平
面上以 10Hz 左右的频率范围旋转的均匀磁场。磁场使珠子的磁矩向量对齐，从
而产生偶极耦合和吸引力（图 4.7）[26]，在没有外加磁场的情况下，微珠没有表现

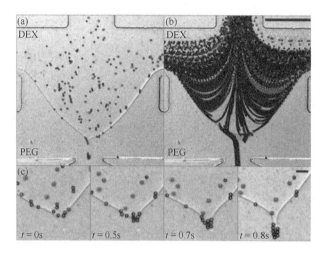

图 4.6　磁性微珠的自组装

（a）在磁性团簇自组装过程中，具有外加磁场的横流室；（b）自组装过程中的粒子轨迹（比例尺表示 250mm）；（c）液-液界面形成微粒簇的时间序列图，其中颗粒数 $N=9$ 的簇形成在具有界面张力的界面上（比例尺表示 50mm）

出净磁化。在外加均匀磁场的作用下，粒子的磁矩矢量排列成一条直线。每个微珠产生的不均匀杂散场导致相邻珠子之间具有引力，如果微珠浓度足够高，就会形成一维团聚体（链）。如果外场在低频下旋转，链也会随场旋转。旋转频率的增加最终会导致链折叠成 2D 结构（簇）。在较高的团簇浓度下，形成跨度为几毫米的大单层微珠。在旋转磁场中，这导致形成高度有序的二维团簇结构。

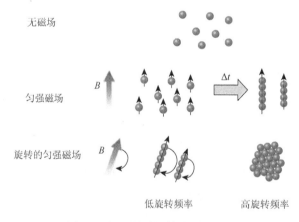

图 4.7　超顺磁珠团簇结构的形成

在形成这些簇结构之后，可以通过 DNA 杂交将珠子连接起来。只要温度保持在 DNA 的熔点以上，珠子上的互补 DNA 链就不能杂交，簇的形成不受寡核苷酸相互作用的影响。温度稍微降低就会导致 DNA 双链的形成，从而将结构锁定在当前的构象中。由于这种方法使单层形成和珠间连接解耦,整个结构形成过程明显加快。

### 3. 磁性微珠的三维自组装

用作"打印"头的微流控器件可制造三维组装以创建细胞结构的细胞载水凝胶模块。然而,由于水凝胶的可控性差,微流控加工过程不稳定,使得制备形态精确的结构来模拟体内组织仍然是一个挑战,这阻碍了器官体外模型的建立。北京理工大学[27]将磁驱动策略与微流控"打印"方法相结合来应对这一挑战。将磁性纳米颗粒(MNPs)封装到海藻酸盐水凝胶微纤维中,然后将这些磁性微纤维组装在所设计的支撑模型的表面,以增强可控性。为了保持连续纺丝过程,将微流控装置的纺丝孔浸泡在装入皮氏培养皿中的磷酸盐缓冲液中,以消除微纤维喷射过程中产生的液滴的影响。同时,为了防止微通道堵塞,采用葡聚糖流量脉冲,这种脉冲可以暂时停止纺纱过程。

# 4.4 分子尺度的自组装

分子自组装的定义就是在平衡的条件下,分子和分子之间利用非共价的相互作用自发组合而形成的稳定的并且具有一些特定性能的分子的聚集体或超分子结构。而这一种方法可以利用来制造自组合材料,这种自组合材料因为可能有新的功能和特性,有着尚且不为人知的潜在价值,所以对分子自组装的应用研究引起了研究者的极大兴趣。

分子自组装是一系列复杂生物结构组合的基础。自组装是由非共价相互作用组成的,如氢键。因此,自组装系统的完整性和结构取决于这种类型的结构,维持非共价相互作用。人工自组装系统的目的是模仿生物化学系统,但到目前为止,由于次级单元的多组分结构的生物分子有能力与邻近分子发生非共价相互作用,因此,具有活性分子自组装功能的系统相对较少。

## 4.4.1 影响自组装体系形成的因素

### 1. 分子识别

分子识别是某些特定的受体和作用物选择性地结合从而产生一些特定功能的过程。分子识别包括两个方面:第一个是分子之间在形状和大小上的识别;第二个是分子对非共价的相互作用的识别,如氢键等。分子识别是分子自组装的核心,有机分子进行结晶的过程通常被作为分子识别的最为典型的例子,因为这种结晶过程是由数以百万计的分子利用了准确的分子的相互识别而构造出来的组装体。

### 2. 组分

自组装超分子聚集体的结构受组分的结构和数目的影响很大，即使是组分结构中的微小差异也会使得其所形成的自组装结构发生重大的改变。

### 3. 溶剂

由于大部分的自组装体系都是在溶液中进行研究和探索，所以自组装体系的形成过程中溶剂起着至关重要的作用，即使是性质或者结构上有些微的变化都可能使得整个自组装体系发生巨大变化。

无论什么溶剂，只要可以破坏共价键，都有机会影响自组装的过程，主要特征为溶剂的密度、pH 值和浓度等因素。研究人员曾经用不同密度的液态二氧化碳作为溶剂[28]，研究其对两性共聚分子的自组装的过程有何影响，最终研究结果发现，当二氧化碳溶剂的密度低于 $0.82g/cm^3$ 时，二氧化碳相和高分子相是相互独立的；但是当二氧化碳溶剂的密度提高时，高分子会慢慢溶解成为低聚物；二氧化碳溶剂的密度提升到一定的值时，低聚物又会形成球形颗粒。

由此发现，自组装的影响因素中溶剂起了重要的影响。

### 4. 热力学平衡

由于自组装是依靠非共价的相互作用维持形态，但非共价的相互作用的力显然小于共价作用的力，所以大多数情况下自组装体系不稳定。但是由于生物分子内部的能量的散布在热力学的理论上是相互平衡的，所以生物分子的自组装体系相较之下是稳定的，针对人工的分子自组装体系，可以通过相关的方法依靠非共价的相互作用将超分子结构趋于稳定。

## 4.4.2　自组装单分子膜

### 1. 概述

自组装单分子膜（SAMs）是一种处于发展阶段的有机超薄膜，其制备技术，即表征方法，迄今为止取得了很大的进展。早在 1946 年，Zisman 等就报道了表面活性物质吸附在干净的金属表面形成单分子膜。然而，这项研究的真正兴盛始于 20 世纪 80 年代。1980 年，Sagiv 报道了十八烷基三氯硅烷在硅片上形成自组装膜。Nuzzo 等于 1983 年在金表面成功制备了烷基硫化物自组装膜。自那时以来，若干种自组装膜制备的体系已逐渐成熟和发展。此外，自组装技术在制备多层复合膜、大分子物质、纳米粒子和超晶格等方面也得到了广泛的研究。

自组装单层膜是利用稀溶液界面上固体表面的化学吸附或化学反应，在基材上形成由化学键连接的一维、二维甚至三维有序单层膜。由于低维结构材料的物理化学性能与基体材料有显著差异，自组装纳米结构致密性和化学结构稳定性好，具有减少摩擦磨损、耐腐蚀、易催化等化学和电子特性，是目前研究的热点之一。自 1946 年以来，Zisman 提出了一种通过表面活性剂吸附在干净的金属表面制备单层膜的方法，自组装单层膜技术由此揭开序幕。近年来，自组装膜的研究取得了很大的进展。

本节介绍自组装单层膜的形成原理、制备及应用。

2. 原理

自组装单层膜主要是固体表面可以在稀释后的溶液中吸附某些活性物质，因此能够形成有序稳定的分子组织。主要的工作方式是在固液界面产生化学反应或是化学吸附反应，最后在基底上产生一种化学键相互连接的有序且稳定的单层膜。和 LB 膜（Langmuir-Blodgett 膜）相比，自组装单层膜的制备方法有着更好的稳定性且较为简单，自组装单层膜从组成结构上可以分成以下三个部分：首先是分子的头基，它的作用主要是和基底表面上的某个反应点利用离子键或共价键（如 Au—S 键或是 Si—O 键等）与之相结合；其次就是分子之间的烷基链，烷基链的链与链之间主要是促使活性分子在固体表面受到范德瓦耳斯力的作用形成有序且稳定的规则排列；最后是分子的末端基团，如—$CH_3$、—OH、—COOH、—SH、—$NH_2$ 等，主要作用是通过选择不同的末端基团获取不一样的化学或物理性能的界面，同时也可以借助于末端基团的活性而制作多层膜。

3. 制备

自组装单层膜的制备方法简单易操作、膜稳定性高、制成膜后效果较好、膜层的厚度和膜的性质可以通过改变成膜分子链长和尾基活性基团灵活控制，因此自组装膜成为组成超分子体系和分子器件的有效且推荐的手段，在传感领域、制膜领域和微电子领域等都有着广阔的发展前景，因此最近几年自组装膜吸引了其他研究者的关注。自组装单分子膜的制备方法有如下几种。

1）基于物理吸附的离子自组装膜技术

该方法原理是：在带有阳离子的聚电解质的溶液中放入表层带有负电荷的基片，在静电力的吸引下，聚电解质带有阴离子并会吸附到基片的表面，这时候基片就带有正电。然后进行相同的操作，在阴离子的聚电解质的溶液中再放入表面带有正电荷的基片，重复操作几次后，会得到一个多层的聚电解质的自组装膜。

2）基于化学吸附的自组装膜技术

该方法的原理是：将基片（表面有某种物质）放到准备组装分子的溶液中，基片和分子一端的反应基会自动发生化学反应，这时候基片的表面会形成由化学键连接的二维的单层膜，而在同层之间依然是由范德瓦耳斯力所牵引。假如所形成的单层膜的表面还有活性基，那么单层膜还可以和其他物质继续相互反应，重复多次之后，即会形成多层膜。

3）旋转涂抹法

该方法是首先将底物处于高速旋转的状态，在不停旋转的底物上面滴加预先配好的聚合物溶液，使其形成薄膜。

4）基底上的有机分子自组装

有机分子自组装的其中一个主要方法便是基底上的自组装，这样的方法不仅会产生自组装薄膜，还有一些其他的结构。基底有很多种，可以分为金属基底、金属氧化物基底、半导体基底和无机晶体基底等。

4. 应用

自组装单分子膜作为当前应用十分广泛的一种材料，不仅可以在生物上有重要的作用，在电子消费品行业也有很多的应用。

目前，自组装单分子膜涂层最常见的应用主要是用于 MEMS 器件构建疏水表面。MEMS 的麦克风、陀螺仪、压力传感器和加速度计等器件，主要用此类涂层来避免静摩擦的风险。

另一个正在开发的自组装单层膜的应用是在医学领域，如用于生物分析的药物涂层或 DNA 固定化。通过使官能团只与特定的材料发生反应，用户可以在药物的特定位置形成薄膜涂层，用于靶向癌症治疗。通过定制药物涂层，使药物只与癌细胞结合，可以使癌细胞高度局部化，只针对癌细胞起作用，从而减少癌症治疗对人体的破坏作用。

最近的研究已经开始转为 MEMS 器件和自组装单分子涂层的联合使用。自组装单层膜被用于简单的 MEMS 悬臂或桥梁结构。这些结构的向上或向下移动将改变器件的电容，从而讨论了其作为传感器应用的可能性。自组装单分子涂层应用于与特定生物材料相结合的 MEMS 微桥结构中，可制成区分单一液体、酶等的测量传感器。这也可以用于医疗诊断测试，如血糖水平测试，以帮助糖尿病患者确定胰岛素剂量。

微流控是自组装单分子涂层的一个终极主要应用。应用于微流体通道的亲水涂层可以将液体拉平，由此可以通过过滤系统抽取流体用于纯化。这能够进一步支持医疗应用，还可以用于可能需要流体过滤的所有场景。

# 4.5 小 结

自组装起源于有机化学，且已成为该领域发展极为迅速的一部分，主要有以下两个原因：首先，这是一个对理解生物学中许多重要结构至关重要的概念；其次，它是针对如何合成比分子大的结构问题的一种解决方案。共价键的稳定性使得合成几乎任意的多达 1000 个原子的构型成为可能，如比分子更大的分子、分子聚集体和比分子更广泛的有结构的物质形式，它们都不能通过一个键一个键合成。自组装是在更大范围内组织事物的一种策略。虽然自组装起源于对分子的研究，但原则上，它是一种适用于所有规模的策略。因此，自组装为尺寸从纳米到微米的组件制造有序聚集体提供了一种解决方案；这些部件的尺寸介于可以由化学控制的尺寸和可以由传统制造控制的尺寸之间。这一尺寸范围对纳米技术的发展（以及微技术向微电子以外的领域的扩展）具有重要意义。这也是一个了解生物结构和过程的领域。自组装在制备仿生和高功能生物材料方面具有巨大潜力，在医学领域有着广泛的应用。

自组装未来的发展方向之一将是开发能够对外部刺激作出反应并相应地重新配制其物理或化学性质的材料。生物系统是高度动态的（事实上，这是生命的先决条件），因此能够根据外部信息调整其特性的材料将非常有用。其二是创建可以跨多个长度尺度组织材料的层次结构。生物系统本身是分层组织的：从分子到细胞，到组织，再到整个有机体。为了实现可以穿过这些鳞片的材料在多个层次上满足愈合生物体的需要，自组装提供了一种自然的方式，通过将特定的非共价相互作用与外力相结合，允许在越来越大的尺度上组织物质。因此，自组装在调控微纳尺度生物方向上有巨大的机遇和发展前景。

## 参 考 文 献

[1]　王军，王铁. 基于自组装技术的纳米功能材料研究进展[J]. 高等学校化学学报，2020，41（3）：377-387.

[2]　Dou Y，Wang B，Jin M，et al. A review on self-assembly in microfluidic devices[J]. Journal of Micromechanics and Microengineering，2017，27（11）：113002.

[3]　Whitesides G M，Grzybowski B. Self-assembly at all scales[J]. Science，2002，295（5564）：2418-2421.

[4]　刘忠范. 自组装策略调控表面反应[J]. 物理化学学报，2017，33（6）：1077-1078.

[5]　Abbyad P，Dangla R，Alexandrou A，et al. Rails and anchors: Guiding and trapping droplet microreactors in two dimensions[J]. Lab on a Chip，2011，11（5）：813-821.

[6]　Chung S E，Park W，Kwon S，et al. Guided and fluidic self-assembly of microstructures using railed microfluidic channels[J]. Nature Materials，2008，7（7）：581-587.

[7]　Wang L，Sánchez S. Self-assembly via microfluidics[J]. Lab on a Chip，2015，15（23）：4383-4386.

[8]　赖宇明，高雅，要秀全. 纳米尺度自组装相互作用力研究进展[J]. 材料导报，2020，34（7）：7091-7098.

[9]　Wang J, Eijkel J C T, Jin M, et al. Microfluidic fabrication of responsive hierarchical microscale particles from macroscale materials and nanoscale particles[J]. Sensors and Actuators B, Chemical, 2017, 247: 78-91.

[10]　姚一军, 王鸿儒. 纤维素自组装材料的研究进展[J]. 化工进展, 2018, 37（2）: 599-609.

[11]　Parker R M, Frka-Petesic B, Guidetti G, et al. Hierarchical self-Assembly of cellulose nanocrystals in a confined geometry[J]. ACS Nano, 2016, 10（9）: 8443-8449.

[12]　Philp D, Stoddart J F. Self-assembly in natural and unnatural systems[J]. Angewandte Chemie（International ed.）, 1996, 35（11）: 1154-1196.

[13]　Hu Y, Wang J, Wang H, et al. Microfluidic fabrication and thermoreversible response of core/shell photonic crystalline microspheres based on deformable nanogels[J]. Langmuir, 2012, 28（49）: 17186-17192.

[14]　Niu W, Zhang L, Xu G. Seed-mediated growth method for high-quality noble metal nanocrystals[J]. Science China: Chemistry, 2012, 55（11）: 2311-2317.

[15]　Zhang M, Xu K, Xu J, et al. Self-assembly kinetics of colloidal particles inside monodispersed micro-droplet and fabrication of anisotropic photonic crystal micro-particles[J]. Crystals, 2016, 6（10）: 122.

[16]　Sergio G G, Gristina F L, Polavarapu L, et al. Gold nanooctahedra with tunable size and microfluidic-Induced 3D assembly for highly uniform SERS-active supercrystals[J]. Chemistry of Materials, 2015, 27（24）: 8310-8317.

[17]　Fakhrullin R F, Brandy M, Cayre O J, et al. Live celloidosome structures based on the assembly of individual cells by colloid interactions[J]. Physical Chemistry Chemical Physics: PCCP, 2010, 12（38）: 11912-11922.

[18]　Brandy M, Cayre O J, Fakhrullin R F, et al. Directed assembly of yeast cells into living yeastosomes by microbubble templating[J]. Soft Matter, 2010, 6（15）: 3494-3498.

[19]　Michod R E, Viossat Y, Solari C A, et al. Life-history evolution and the origin of multicellularity[J]. Journal of Theoretical Biology, 2006, 239（2）: 257-272.

[20]　Chang Y, He P, Marquez S M, et al. Uniform yeast cell assembly via microfluidics[J]. Biomicrofluidics, 2012, 6（2）: 24118-24119.

[21]　Sakai Y, Hattori K, Yanagawa F, et al. Detachably assembled microfluidic device for perfusion culture and post-culture analysis of a spheroid array[J]. Biotechnology Journal, 2014, 9（7）: 971-979.

[22]　Tohver V, Smay J E, Braem A, et al. Nanoparticle halos: A new colloid stabilization mechanism[J]. Proceedings of the National Academy of Sciences - PNAS, 2001, 98（16）: 8950-8954.

[23]　Zhang F, Long G G, Jemian P R, et al. Quantitative measurement of nanoparticle halo formation around colloidal microspheres in binary mixtures[J]. Langmuir, 2008, 24（13）: 6504-6508.

[24]　Armbrecht L, Dincer C, Kling A, et al. Self-assembled magnetic bead chains for sensitivity enhancement of microfluidic electrochemical biosensor platforms[J]. Lab on a Chip, 2015, 15（22）: 4314-4321.

[25]　Sun T, Li X, Shi Q, et al. Microfluidic spun alginate hydrogel microfibers and their application in tissue engineering[J]. Gels, 2018, 4（2）: 38.

[26]　Eickenberg B, Wittbracht F, Stohmann P, et al. Continuous-flow particle guiding based on dipolar coupled magnetic superstructures in rotating magnetic fields[J]. Lab on a Chip, 2013, 13（5）: 92-927.

[27]　Sun T, Huang Q, Shi Q, et al. Magnetic assembly of microfluidic spun alginate microfibers for fabricating three-dimensional cell-laden hydrogel constructs[J]. Microfluidics and Nanofluidics, 2015, 19（5）: 1169-1180.

[28]　DeSimone J M, Keiper J S. Surfactants and self-assembly in carbon dioxide[J]. Current Opinion in Solid State & Materials Science, 2001, 5（4）: 333-341.

# 下篇　微纳尺度新型材料

# 第5章 超 疏 水

近年来，研究人员为了让微流控芯片的功能更加强大、更加智能，仿生微流控这个全新的概念应运而生。仿生微流控是指受生物体结构和功能原理的启发，设计和开发具有仿生结构和功能的微通道流体器件。20世纪70年代，植物学家 Barthlott 和 Neinhuis 发现了自然界著名的"荷叶效应"，即通过发现荷叶表面具有超疏水的特性以及能够实现自清洁，首次提出了超疏水材料的概念。自此，由于其独特的功能与结构，超疏水材料在自清洁、微流体系统和生物相容性等领域引起了学术界和工业界的广泛关注。现阶段，研究人员已经可以使用各种合成方法来模仿自然表面，从而得到新的超疏水表面。本章将从超疏水现象的原理及其理论分析出发，归纳几种目前常见的超疏水表面制备方法与技术，介绍超疏水材料及表面的应用领域以及超疏水材料在微流控领域中的应用前景及发展趋势。

## 5.1 超疏水材料的发展及其理论分析

人类在探索大自然的过程中，不仅能够从众多自然现象中发现科学原理，还能将这些原理应用于日常生活与各行各业中。例如，人们开始研究超疏水技术就是由"荷叶效应"的发现促使的。当液滴与固体表面之间的接触角大于150°，并且滚动角小于10°时，则该表面称为超疏水表面。相比于一般的疏水表面，超疏水表面性能更佳，能够实现防水、防止污染、防止腐蚀等功能。因此，超疏水表面未来应用前景广阔，研究价值高，其在航空航海、电子电力、生物医药等领域已经得到广泛应用。

### 5.1.1 自然界中的超疏水现象

"荷叶效应"是自然界中最典型的超疏水现象，荷叶极佳的自清洁性能和超疏水性能引起了研究人员的广泛关注。随着扫描电子显微镜（SEM）的问世，研究人员凭借这些先进的研究设备才渐渐探索出了荷叶自清洁的机理。1977年，德国波恩大学的 Barthlott 和 Neinhuis 通过扫描电子显微镜观测了荷叶的表面形态和结构，如图 5.1（b）所示，发现了荷叶表面具有超疏水特性和自清洁功能的关键是其表面的乳突结构以及蜡状物质。随后，研究人员受到"荷叶效应"的启发，探索出了多种调控固体表面微纳结构的方法，制备了具有众多功能的超疏水性材料。

 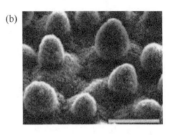

图 5.1　（a）荷叶自清洁效应的实物图；（b）荷叶表面的扫描电镜图

　　如图 5.2（a）所示，与水滴在荷叶表面上能够轻松地滚动不同，玫瑰花瓣上的水滴能够牢牢地停留在玫瑰花表面。研究人员通过对玫瑰花瓣表面的形态结构探索［图 5.2（b）］，发现玫瑰花瓣表面有一个周期性的乳突结构阵列，并且每个乳突结构都有 700nm 左右的纳米褶皱，这些纳米褶皱使得玫瑰花瓣表面具有足够的粗糙度以及空间黏附水滴。因此，当水滴保持在玫瑰花瓣表面时，超疏水表面能够使得水滴保持液滴形状，而当水滴倒转时，玫瑰花瓣表面的高黏附性也会使得水滴不易滚动。除了荷花、玫瑰花瓣等天然超疏水植物表面，自然界中还存在着许多天然超疏水动物表面，如壁虎的脚掌、鱼类的皮肤、蚊子的眼睛等。

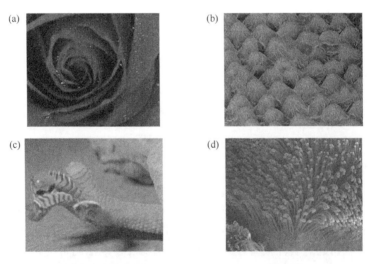

图 5.2　（a）水滴处于玫瑰花瓣表面的实物图；（b）玫瑰花瓣表面结构的扫描电镜图；
（c）水滴在壁虎脚表面的图像；（d）壁虎表面结构的扫描电镜图

如图 5.2（c）所示，壁虎的脚掌能够在很大的附着力下黏附，并且能够将脚从表面释放出来。如图 5.2（d）所示，研究人员利用扫描电子显微镜对壁虎的脚掌进行探究，他们发现壁虎能够在墙壁上爬行是借助于其脚掌上存在的微纳米结构，这是一种由多种微纳米级别大小的刚毛和末端组成的独特结构。当壁虎在墙壁上爬行时，这些独特的结构能够支持壁虎在墙面上以各种各样的角度爬行。

## 5.1.2　超疏水基本理论与模型

### 1. 超疏水基本理论

表面浸润性是固体材料的一个非常重要的物理和化学性质，它表示液体在固体材料表面的扩散能力[1]。随着科学的进步和先进的现代化表征工具的出现，研究人员发现材料表面的浸润性是其本身固有的一种特性，它不仅受材料表面组成的影响，还受到材料表面微观结构的影响[2]。

现阶段表面浸润性通常是利用液滴与材料表面之间的接触角来进行表征的。研究人员按照液滴与材料表面之间的接触角的大小，将材料分为以下四类：当液滴和材料表面的接触角小于 90°时，则该材料称为亲水材料；当液滴和材料表面的接触角小于 5°时，则称这种材料为超亲水材料；当液滴和材料表面之间的接触角大于 90°时，则称该材料为疏水材料；当液滴和材料表面之间的接触角大于 150°时，则称该材料为超疏水材料。

研究人员认为表面浸润性与材料表面的化学成分和微观几何形貌有关。相比较材料表面的化学成分，材料表面的微观几何形貌对材料表面的影响更加明显，甚至可以通过改变材料表面的几何形貌实现由亲水表面向疏水表面的转变。因此，研究人员致力于探究材料表面的微观几何结构与其表面浸润性之间的联系，并提出了几种经典的润湿理论模型，如 Young's 模型、Wenzel 模型、Cassie-Baxter 模型等。

### 2. Young's 模型

1804 年，英国科学家 Young 率先提出了当材料表面是理想表面时，即该材料的表面是绝对光滑且化学组成成分单一，则该材料表面与液滴之间的接触角的大小由材料和液滴的表面张力决定，存在特定的角度 $\theta_0$ 满足 Young's 方程，方程如式（5.1）所示：

$$\gamma_{SG} = \gamma_{SL} + \gamma_{LG}\cos\theta_0 \tag{5.1}$$

式中，$\gamma_{SG}$、$\gamma_{SL}$ 和 $\gamma_{LG}$ 分别为固体和气体之间、固体和液体之间以及液体和气体之间的表面张力；$\theta_0$ 为平衡接触角（即材料的本征接触角）。Young's 方程的模型示意图如图 5.3 所示。

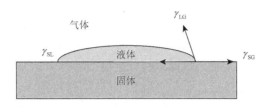

图 5.3　Young's 模型示意图

对式（5.1）进行变换，将 $\cos\theta_0$ 提到等式的左边，就可以得到平衡接触角的计算公式，如式（5.2）所示：

$$\cos\theta_0 = \frac{\gamma_{SG} - \gamma_{SL}}{\gamma_{LG}} \tag{5.2}$$

然而，在现实情况中，材料表面必然会吸附上一些杂质，导致材料表面的化学组成难以保持单一，同时现实材料表面也必然存在一定的粗糙度，使得现实模型难以满足 Young's 方程假设材料表面组成均一且绝对光滑的条件。因此，方程中的材料本征接触角 $\theta_0$ 和实际测量中的接触角 $\theta$ 一定会存在偏差。如图 5.4（a）和（b）所示，为了测量此偏差的大小，研究人员通常采用向在固体材料表面已经处于平衡状态的液滴内注入或抽取液体的方式来表示该固体材料表面的最大接触角和最小接触角。固体、液体和气体之间的三相接触线开始移动时的临界接触角被研究人员定义为前进角，而当固体、液体和气体之间的三相接触线开始收缩时，则定义该临界接触角为后退角，此外将前进角和后退角之间的差值定义为接触角滞后，即迟滞角。迟滞角的数值可以反映该材料表面的粗糙程度和单一程度。当迟滞角越大时，则表示该固体材料表面的粗糙程度越高，化学组成也越复杂。相应地，当迟滞角越小时，则说明该固体材料表面越光滑，化学组成也越单一[3]。

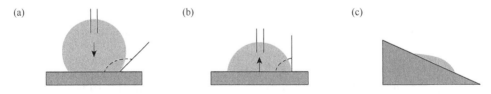

图 5.4　（a）前进角；（b）后退角；（c）液滴在斜面上保持静止

迟滞角使得液滴能够静止在倾斜的固体材料表面，而滚动角常常被定义为固体材料斜面的倾斜角。如图 5.4（c）所示，当滚动角越大时，液滴下部的接触角就越大，而上部的则越小。而当固体表面的迟滞角较小时，液滴可以在固体材料斜面上以鸡冠形状保持静止，此时滚动角和迟滞角的关系如式（5.3）所示[4]：

$$\pi\gamma l(\cos\theta_r - \cos\theta_a) = \rho gV\sin\alpha \qquad (5.3)$$

式中，$l$ 为固体与液体之间的基础长度；$V$ 为液滴的体积；$\gamma$ 为液滴的表面张力；而 $\rho$ 则为液滴的密度。由式（5.3）可以看出，当迟滞角越小时，液滴越容易滚动。

### 3. Wenzel 模型

在 Young's 模型中，固体材料表面被定义为表面绝对光滑且化学组成成分单一的理想模型。但是在实际操作过程中，这种理想化的材料几乎不存在。针对这一问题，在二十世纪四五十年代，Wenzel、Cassie 以及 Baxter 三位科学家分别对 Young's 模型进行了改进，改进后的模型可以应用于表面结构粗糙、组成不单一的固体材料表面。

Wenzel 模型示意图如图 5.5 所示，当液滴处于粗糙的固体材料表面时，由于杂质的存在难以测量液滴在固体材料表面的真实接触角，因此，研究人员在实验中通常测得的是液滴的表观接触角。

图 5.5　Wenzel 模型示意图

虽然表观接触角与界面张力之间的关系并不满足 Young's 方程，但是仍然可以利用应用热力学的知识求出与 Young's 模型类似的关系式。当满足恒温恒压的条件时，假如液滴能够始终填满材料表面的凹槽，则因界面微小变化引起的体系自由能变化如式（5.4）所示：

$$dE = r(\gamma_{SL} - \gamma_{SG})dx + \gamma_{LG}dx\cos\theta_r \qquad (5.4)$$

式中，$dE$ 为液滴移动一无限小量的 $dx$ 时所需要的能量。

当液滴达到平衡状态时，即 $dE = 0$ 时，可以求出本征接触角 $\theta$ 和表观接触角 $\theta_r$ 之间的关系式，如式（5.5）所示：

$$\cos\theta_r = \frac{r(\gamma_{SG} - \gamma_{SL})}{\gamma_{LG}} \qquad (5.5)$$

与前文中的 Young's 方程进行比较，可以得到 Wenzel 方程[5]，如式（5.6）所示：

$$\cos\theta_r = r\cos\theta \qquad (5.6)$$

式中，$\theta_r$ 为液滴与非理想材料表面之间的接触角；$r$ 为材料表面的粗糙系数，表示实际固体材料表面与液滴之间的接触面积和表观固体材料表面与液滴之间的接触面积之比。

根据式（5.6），可以得到如下结论：当亲水材料（$\theta$ 小于 90°）表面变粗糙后，该材料表面会变得更加亲水，成为超亲水材料；当疏水材料（$\theta$ 大于 90°）表面变粗糙后，该材料表面会变得更加疏水，成为超疏水材料。

### 4. Cassie-Baxter 模型

图 5.6　Cassie-Baxter 模型示意图

Wenzel 方程指出了均相粗糙表面的本征接触角与表观接触角之间的关系，然而 Wenzel 方程不适用于材料表面由多种化学物质组成的情况。Cassie 和 Baxter 针对这一问题，进一步改善了 Young's 方程，他们提出将表面粗糙、组成非单一的表面设想为一个复合表面。如图 5.6 所示，他们将液滴与材料表面的接触设想为复合接触。

当固体材料表面是由两种不同的物质组成时，假设这两种物质是以极小块的形式均匀分布在表面上，则每一块物质的面积都远小于液滴的大小。用 $\theta_1$ 和 $\theta_2$ 分别表示两种成分的本征接触角，用 $f_1$ 和 $f_2$ 表示单位面积上所占的表面积比例。当液滴在固体材料表面展开时 $f_1$ 和 $f_2$ 不变，且用 $\theta_r$ 定义该表面的本征接触角，则在恒温恒压的条件下，界面微小变化引起的体系自由能变化如式（5.7）所示：

$$dE = f_1(\gamma_{SL} - \gamma_{SG})_1 dx + f_2(\gamma_{SL} - \gamma_{SG})_2 dx + \gamma_{LG} dx \cos\theta_r \qquad (5.7)$$

当液滴处于平衡状态时，即 $dE = 0$ 时，上式变为

$$f_1(\gamma_{SL} - \gamma_{SG})_1 + f_2(\gamma_{SL} - \gamma_{SG})_2 = -\gamma_{LG}\cos\theta_r \qquad (5.8)$$

与 Young's 方程进行比较，可以将式（5.8）转化为式（5.9）：

$$\cos\theta_r = f_1\cos\theta_1 + f_2\cos\theta_2 \qquad (5.9)$$

式（5.9）即为 Cassie-Baxter 方程[6]，其中 $\theta_1$ 和 $\theta_2$ 分别表示液滴在组成成分 1 和组成成分 2 上的本征接触角，$f_1$ 和 $f_2$ 是液滴分别在组成成分 1 和组成成分 2 接触的表面积比例，且 $f_1$ 和 $f_2$ 满足 $f_1 + f_2 = 1$。

利用 Cassie-Baxter 方程研究超疏水表面时，可以理解为液滴和材料本身及材料表面空隙内的空气同时接触，假设将 $f_1$ 定义成液滴和固体材料表面本身之间的接触面积，将 $f_2$ 定义成液滴和间隙内空气之间的接触面积；同样地将液滴在光滑固体材料表面的本征接触角定义为 $\theta_1$，将液滴和空气之间的接触角定义为 $\theta_2$，通常情况下 $\theta_2 = 180°$，即 $\cos\theta_2 = -1$。代入式（5.9），能够得到适用于超疏水表面的 Cassie-Baxter 方程，如式（5.10）所示：

$$\cos\theta_r = f_1\cos\theta_1 - f_2 \qquad (5.10)$$

在研究材料表面浸润性时，研究人员通常将 Young's 模型、Wenzel 模型和 Cassie-Baxter 模型作为最基本的理论模型，同时他们还能够利用这些模型推导计算出材料表面更加复杂的模型，如计算分形结构的 Onda 模型[7]、研究分级结构的 Herminghaus 模型等[8]。但是这些公式和模型还只是经验性的结果，需要做到具体问题具体分析。如果对于某一形貌和组成成分完全不知道的特定复合表面，则粗糙因子 $r$ 不一定能够被用来衡量该复合表面的粗糙程度。

## 5.2　超疏水表面的制备技术

自从 Barthlott 和 Neinhuis 两位科学家报道了"荷叶效应"以来，研究人员对超疏水材料的探究就从未止步。研究人员就超疏水材料的制备探索出了多条道路，如物理法、化学法以及两者相结合都有所涉及，本节就常见的几种超疏水表面制备方法及其技术进行简要介绍。

### 5.2.1　模板法

基于向大自然学习的原则，可以通过仿照生物结构来构建超疏水表面。目前，构造规则曲面模型的一个非常有效的办法就是模板法，此法甚至可以构造相对复杂的结构[9]。聚二甲基硅氧烷（PDMS）是一种能够应用于小型模具复制的聚合物。Zhang 等[10]实现了以蝗虫翅膀作为模板制备 PDMS 表面，制成的 PDMS 表面具有疏水性。但对于 5nm 及以下的自然超疏水表面的复制，目前仍然是一个亟需解决的难题。Gong 等[11]利用简单的复制工艺制作出了具备超疏水性与透明性的微观结构 PDMS 薄膜，最终制成的 PDMS 薄膜的接触角为 154.5°，而滚动角为 6°，具有较好的疏水性。而 Wu 等[12]制备的滑动生物表面则是参考的水稻叶片。如图 5.7 所示，Mele 等[13]凭借绿色和干透的叶片，制备了具有鲜明层次结构的聚合生物激发面，该表面具有优异的各向异性、润湿性和超疏水性。

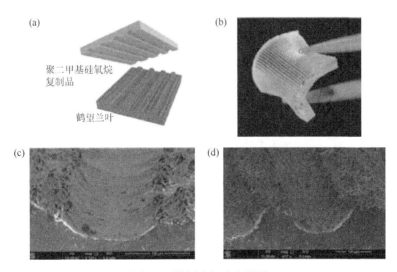

图 5.7　模板法超疏水图例

（a）利用鹤望兰叶制作的聚二甲基硅氧烷复制品；（b）利用绿叶制作的弹性复制品；
（c）绿叶复制品横截面的扫描电镜图像；（d）干叶复制品横截面的扫描电镜图像

如图 5.8 所示，Wang 等[14]将水凝胶基质的三维层次纳米结构作为模板，通过将纳米结构原位模板化到聚苯胺水凝胶上制备了具有丰富功能的超疏水表面。

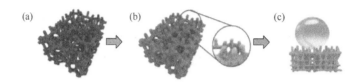

图 5.8　基于水凝胶模板的超疏水三维纳米结构材料制备示意图

（a）三维纳米结构骨架是聚苯胺水凝胶快速凝胶化的结果；（b）在聚苯胺水凝胶基质上通过四乙氧基硅烷（TEOS）的水解进行原位反应形成均匀的二氧化硅层；（c）沉积在超疏水三维纳米结构表面上的水滴

第一步，将下列前体溶液混合：溶液 A，氧化引发剂水溶液；溶液 B，苯胺单体和植酸的水溶液；溶液 C，TEOS 的异丙醇溶液。聚苯胺（polyaniline，PAni）的聚合和胶凝相对较快，在 3min 内形成三维（3D）分级结构水凝胶[图 5.8（a）和图 5.9（a）]。值得注意的是，酸性高含水量水凝胶基质允许 TEOS 的原位 Stöber 反应，导致二氧化硅层优先涂覆在 PAni 纳米结构模板上。在第二步中，通过沉积三氯（十八烷基）硅烷（OTS）使二氧化硅层硅烷化，以产生超疏水表面[图 5.8（c）]。水凝胶模板法用途广泛，因为已经在多种基材上制备了稳定的保形超疏水涂层，包括纸、木材、织物、水泥、玻璃、金属、塑料和橡胶等[图 5.9（b）、（c）和表 5.1]。

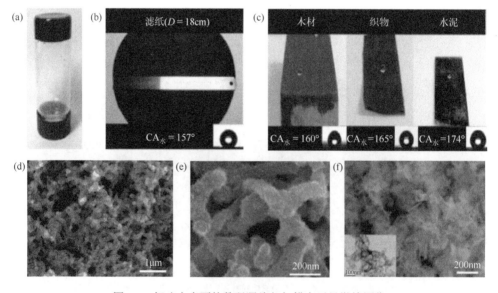

图 5.9　超疏水表面的数码照片与扫描电子显微镜图像

表 5.1 水在二氧化硅/聚苯胺杂化表面和原始基底上静态接触角的比较

| 基底 | 原始基底上静态接触角 | 二氧化硅/聚苯胺杂化表面静态接触角 |
|---|---|---|
| 玻璃 | 46° | 167° |
| 铝箔 | 92° | 157° |
| 不锈钢屏风 | 122° | 149° |
| 海绵 | 90° | 164° |
| 纸（A4） | 69° | 169° |
| 滤纸 | 吸收 | 157° |
| 木材 | 26° | 160° |
| 水泥 | 吸收 | 174° |
| 织物 | 吸收 | 165° |
| PDMS | 119° | 163° |
| PMMA | 91° | 161° |

用扫描电子显微镜和透射电镜对基于水凝胶制备的超疏水表面进行形貌与结构表征。图 5.9（d）显示了涂层的典型扫描电镜图像，该图像由直径约为 100nm 的三维互连纳米纤维组成，与荷叶下表面的形态相似。放大的扫描电镜图像[图 5.9（e）]揭示了纳米纤维表面的纳米级粗糙度。这种纳米级凸起可以提供防止纳米纤维被界面钉扎润湿的能量屏障。扫描电子显微镜图像[图 5.9（f）]显示，在膜于 400℃煅烧 2h 后，只有二氧化硅纳米管网络保留在涂层中，并且聚苯胺核已经被完全去除。如图 5.9（f）插图中的透射电镜图像所示，二氧化硅纳米管的壁厚约为 10nm。

经过实验，这种表面可以保持高达 100g 砂磨的超疏水性能，优于其他由堆积颗粒组成的薄膜。涂层的自相似三维微结构的完整性使其超疏水性在涂层磨损前得到很好的保持。此外，该涂层显示出强大的机械强度和对基材的良好黏附性，在用透明胶带剥离的情况下可以维持，并且之后仍然保持其超疏水性能。

这种基于水凝胶的模板方法提供了一种通用的方法，通过浸涂或喷涂技术等高度可扩展的工艺，使所有表面都具有超疏水性。该超疏水表面在坚固性和拉伸性方面表现出极好的机械性能。由此可以得出基于水凝胶模板制备的超疏水表面将在低成本、坚固、透明与长寿命的防水涂层、防污表面和环保选择性吸收材料中得到广泛应用。

## 5.2.2 刻蚀法

利用光刻、湿化学刻蚀和等离子刻蚀等方法可以制备出超疏水结构。而光刻技术是制备粗糙表面的最有效方法，得到广泛应用。

Choo 等[15]用紫外纳米压印光刻（UVNIL）技术刻蚀出了玫瑰花瓣结构的高疏水表面，它的水接触角为 144°。其制作过程：首先对第一复制面进行单层处理[图 5.10（a）和（b）]，将它作为压印图章。第二复制面以第一层为模板压印[图 5.10（c）和（d）]，在基板上用 UVNIL 制作。

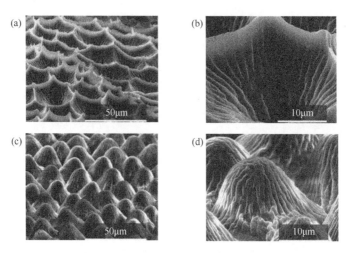

图 5.10　利用光刻技术刻蚀玫瑰花瓣结构的高度疏水表面

除了最有效的光刻技术以外，湿化学刻蚀技术也能够十分有效地制备超疏水表面材料。然而，一个常见问题是：利用湿化学刻蚀技术需要很长时间才能加工出所需粗糙度的表面。Qi 等[16]分别利用 $Cr^{3+}$、$Cu^{2+}$、$Ag^{3+}$ 等金属离子对锌（Zn）基体进行湿化学刻蚀，得到了超疏水表面，相应的接触角分别为 135°、157°和162°。此外，他们发现当温度为 30℃，$HNO_3$ 浓度为 0.6mol/L，$Cu(NO_3)_2$ 浓度为 0.08mol/L，湿化学刻蚀的时长为 5s 时，制备的超疏水表面具有最大的接触角。

### 5.2.3　自组装法

自组装法是一种利用分子内和分子间相互作用使得物质形成规则结构的方法。通常情况下，它与其他制备方法协同使用来制备超疏水材料。张群兵通过自组装法在硅片上制备出了海胆状 $TiO_2$，如图 5.11 所示[17]，通过测试发现得到的 $TiO_2$ 是四方晶系，其平均粒径为 7.3nm，接触角大小为 151.2°。Ming 等[18]将溶胶-凝胶法与自组装法进行结合，在铝片上生成 $SiO_2$ 微细粗糙结构，再通过聚二甲基硅氧烷（PDMS）修饰，最终得到超疏水表面，该研究体现了不同粒径 $SiO_2$ 与低表面能材料结合所产生的疏水性差异。Shang 等[19]同样将溶胶-凝胶法与自组装法结合，用溶胶-凝胶法制造微纳米粗糙结构，再用自组装法将表面的亲水性基团与氯硅烷进行反应，产生疏水的基团，从而进一步增加了涂膜的疏水性，所获得的透明超疏水涂层材料的接触角可以达到 165°。自组装法常与溶胶-凝胶法结合。虽然自组装法需要的仪器设备简单，能在室温下操作，但通过该法得到的涂层的机械性能不好，不能满足生产实际需求，仍需要改进。

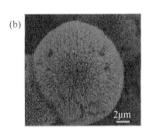

图 5.11　TiO₂ 样品的扫描电镜图

## 5.2.4　电化学法

　　江雷教授带领的研究小组曾基于电化学沉积的方法制备超疏水结构。如图 5.12 所示，他们在导电 ITO 玻璃上制备了具有粗糙结构的 ZnO 薄膜。通过对比发现该薄膜表面经过氟硅烷修饰后会具有超疏水性，该薄膜在未经氟硅烷修饰时与水滴之间的接触角为 128°，而经修饰后与水滴之间的接触角可以达到 152°。薄膜表面的电学特性用原子力显微镜观测，结果能够说明所制备的薄膜是半导体材料。通过进一步研究发现，经过热处理后的 ZnO 薄膜，不需任何修饰即可实现超疏水[20]。

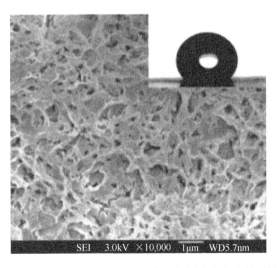

图 5.12　电沉积法制备 ZnO 膜的 SEM 图像。插图为疏水改性后的薄膜接触角

除了金属氧化物之外，通过电化学沉积的方法还能够制备超疏水金属表面材料。Tian 教授凭借调整和控制使用不同浓度的电解液（HAuCl₄）和不同大小的恒电位沉积电压的方法，在金片的表面分别制备出了金字塔状、棒状和球状的金膜层，如图 5.13 所示。他们分别比对了三种具有不同形貌的金膜层与水和油之间的接触角，发现三种不同形貌的金膜层表面都具有超疏水的特性。其中，金字塔形貌的膜层不仅具有超疏水的特性，还展现出了超疏油的特性，如图 5.14 所示[21]。

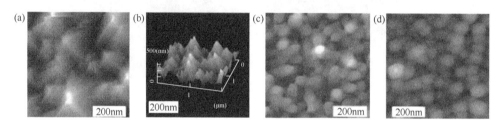

图 5.13　电沉积的金字塔状[平面（a）、交叉（b）]、棒状（c）、球状（d）金纳米结构原子力显微镜（AFM）图像

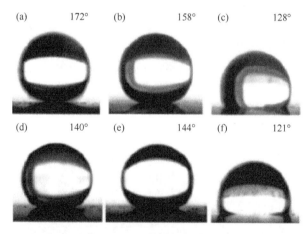

图 5.14　全氟十二烷基硫醇改性 3h 后，纳米金字塔金膜（a、d）、纳米棒状金膜（b、e）、纳米球形金膜（c、f）上水滴（a～c）和油滴（d～f）的水接触角。水和油的滴体积均为 4μL

## 5.2.5　溶液浸泡法

在所有制备超疏水表面材料的方法中，溶液浸泡法是最容易实现的方法。当一些金属表面被刻蚀剂腐蚀的时候，由于腐蚀金属中存在的缺陷，粗糙的金属表面能够利用控制金属在刻蚀剂中浸泡不同的时间获得。兰州大学曹小平教授带领的研究小组[22]提出了一种具有普适性的制备超疏水金属材料的方法。具体操作如下：利用

硝酸和双氧水的混合溶液对铜、铁等金属进行浸泡刻蚀,使得这些金属表面上形成粗糙不平的结构,该溶液浸泡法制备的超疏水表面的性质通过添加疏水试剂来呈现,其被刻蚀后的金属表面结构如图 5.15 所示。此外,曹小平教授还将制备好的超疏水表面材料进行了如放置于酸碱环境下浸泡、在不同浓度的盐溶液中进行腐蚀、长时间暴露在空气中等一系列表征,证明了该超疏水表面材料具有优异的稳定性。

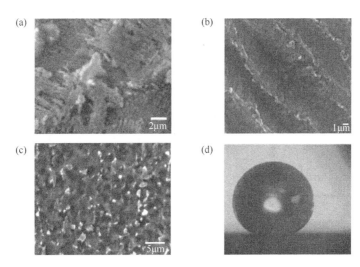

图 5.15  利用氟烷基硅烷进行处理的刻蚀铜合金在低倍(a)和高倍(b)放大率下的 SEM 图像;(c)通过氟烷基硅烷进行处理的刻蚀钛合金的 SEM 图像;(d)超疏水钛合金表面上具有(151±1)°水接触角的水滴剖面

如图 5.16 所示,Bell 教授[23]利用易于实现的置换反应制备了超疏水结构。该超疏水结构是通过将银或金的盐溶液中放入铜片或锌片来制备的。因为在金属活动顺序表中,锌和铜比银和金活泼,所以银或金的纳米颗粒会在锌片和铜片的表面上生长,最终增加材料表面的粗糙度。利用疏水试剂对该超疏水结构进行处理,其表面接触角能够达到 180°。

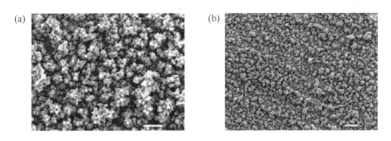

图 5.16  刻蚀锌上的金(a)和铜上的银(b)的 SEM 图像,每种情况下的比例尺为 1mm

以上介绍的两种溶液浸泡法，为了得到超疏水表面，都是通过以下两个步骤来实现的：首先，在材料表面构造粗糙结构；然后，在粗糙结构的表面接枝疏水试剂。此外，姚建年教授的研究团队[24]报道了一种将表面粗糙处理和表面接枝通过一步来完成的方法：他们在特定[Ag(NH₃)₂]OH 溶液中放入表面光滑的铜片，在经过长达 6h 的浸泡后，在铜片表面形成了许多玫瑰花瓣形貌的微纳米结构，其形貌图如图 5.17 所示，经过测试该超疏水表面的接触角可以达到 156°。

图 5.17　不同尺寸微纳米花的形貌图

除了上述方法，还有许多方法可以制备超疏水表面，如等离子法、光刻法、激光加工法等，它们各有利弊，需要根据实际需求进行选择。此外，未来的超疏水制备技术，应该具备更加简单方便、适合规模化生产的特点。

## 5.2.6　超疏水表面制备技术的优缺点及发展趋势

超疏水表面制备方法可以归纳为以下三个大类：模板法、涂覆法（包括粉末喷涂法、化学沉积法和电化学沉积法）和刻蚀法（包括激光刻蚀和化学刻蚀技术）。

（1）模板法的优势在于可以实现大面积的应用、可复制不同表面形貌的微结构、操作简单等。但模板法依然存在着很大的缺陷，首先，最大的问题在于通过该方法制取的超疏水表面不能长期使用，目前还没有发现哪种模板法制备的超疏水表面可以使用超过半年的时间。其次，模板法制备的表面尚无有效的耐磨性测试可以证明其长期稳定性和耐磨性，且所用模板大多为聚合物模板，对于金属、玻璃、纤维等模板尚待深入研究。再次，在与基底分离的过程中，模板表面的微结构很容易受到破坏，从而导致局部丧失了疏水性。此外，模板法制取的表面在复制过程中，可能会出现基底与模板贴合不紧密、压印技术限制等问题，导致基底表面的微结构不能完全复制或者映射到模板上，制取的表面存在局部疏水性不强等问题。最后，模板法复制的可用面积一般较小，离实现工业生产还较远。

（2）在涂覆法中，粉末喷涂技术是最有可能替代液体喷涂而实现量产的，因为该方法可适用于所有的模板，操作简单、方便快捷。但是同样会存在着涂覆法共有的表面疏水性与界面稳定性问题。另外，当前喷涂技术所用颗粒大多为有色颗粒，这对于透明度要求较高的玻璃表面是很不适用的，因此，如何研制出透明的涂层，也是一个很大的挑战。

沉积法可以分为化学沉积法和电化学沉积法。该方法尤其是电化学沉积法相对于其他方法制备表面速率要快，可以在短时间内获取超疏水表面。然而，这两种方法存在着两大问题：一是所用化学物质对环境有一定污染，电化学沉积的电解抛光过程同样有害环境；二是沉积法同样存在着界面不稳定的问题。

与电化学沉积法相比，化学沉积法在金属腐蚀领域存在着明显的劣势，但是该方法适用范围较电化学沉积广。尽管近几年化学沉积技术在表面稳定性和化学特性等方面进行了很大改进，但是目前大多数化学沉积技术依然需要沉积低表面能的氟化物进行改性。这就导致了原料的浪费，增加了沉积的成本，难以实现量产。而电化学沉积技术虽然效率较高，但仅适用于可导电的基底，有一定局限性。

（3）刻蚀法虽然不用考虑界面稳定性问题，但是在刻蚀过程中，可能会降低衬底的强度。激光刻蚀法可以精确得到所需表面，但是存在着造价高昂、冷却时间过长等缺陷。化学刻蚀法操作简单可控，但环境污染问题难以解决。

根据近几年有关超疏水文献，目前超疏水表面制备方法的研究呈现出以下趋势。

对于模板法的研究可分为以下四个方面。第一是对多层超疏水结构进行研究。在近几年的研究中，我们发现，模板法经历了从自然到人工、从单层到双层的研究过程，形成了不同形貌的表面。正如之前所述，自然界中很多超疏水生物都存在着二级结构，因此对多层超疏水表面的研究是很有必要的。第二是借助于模板法形成的微柱阵列，进一步丰富超疏水理论。目前超疏水理论层面的研究主要是规则的微柱阵列表面，因此通过模板法制取的表面对于理论研究是必不可少的。第三是对模板法的应用范围进一步扩大，因为目前制取的模板大多数还是聚合物基底，这严重限制了超疏水表面的应用范围。例如，金属抗腐蚀问题、研制超疏水衣物等问题，就很难通过模板法实现。第四是关于模板法的量产问题，如何有效增加模板法的可用面积为实现工业生产提供可能，如何能够将模板法与工业生产紧密结合，做到实际应用。

粉末喷涂法中，我们看到纳米颗粒被应用于超疏水表面的制备技术中，因此以纳米颗粒为涂料的超疏水表面制备技术，也将是未来研究的热点内容。但是目前纳米颗粒制备技术相对较少，所用纳米材料也相对不多，因此同样应当寻找更多的材料和制备方法，丰富粉末喷涂技术。例如，在最近一篇研究文章中，

Yang 等将二氧化硅纳米颗粒溶于蒸馏水中制得悬浮液，接着在玻璃表面上进行纳米颗粒的喷涂，从而获取了一种透明、稳定的超疏水表面，从而解决了传统方法中疏水性与透明度不可兼得的矛盾。

化学沉积技术的发展趋势在于尽量减小沉积技术带来的污染问题，提高沉积表面稳定性和加快沉积速率等。其中，减少氟化物改性的步骤，可以加快沉积，提升效率。由于化学沉积技术可以适用于任何基底，因此易于与其他制备方法相结合，充分利用二者的优势，研制出新型超疏水表面。

而近几年对电化学沉积的研究，主要着眼于界面稳定性问题和沉积效率的问题。我们看到，一方面一步沉积法极大地提升了沉积的速率，这为超疏水表面的量产提供了可行性的方案；另一方面，将电沉积技术与其他技术相结合，如等离子体电解氧化技术，同样可以解决界面强度问题。因此，该技术的发展趋势可以分为两个方面，一是与其他技术相结合，增加制备表面的界面强度，解决涂覆法中界面强度差的问题；二是将一步沉积法与其他技术相结合，从而提升超疏水表面制备技术的效率。电沉积技术在制备超疏水抗腐蚀的金属表面上，具有显著的应用前景。

激光刻蚀法主要有以下两种研究方向：一种是该方法与沉积技术相结合，充分利用两种处理方法的优势，从而减少冷却处理时间，提升时效性；另一种是目前激光刻蚀法所用衬底大多为金属与玻璃，而硅衬底应用较少。这主要是因为硅衬底为脆性材料，在激光烧蚀过程中容易导致未加工的表面产生裂纹，从而疏水性能丧失。在最近的研究中，Zhu 等研究出一种通过激光刻蚀和化学盐化工艺相结合的方案，实现了在硅衬底上形成超疏水表面。该方法为脆性材料的超疏水表面的刻蚀提供了解决方案。

激光刻蚀法与化学刻蚀法均可以应用于模板法中，也可以与其他制备技术相结合。其中，由于近几年飞秒激光技术的发展，激光刻蚀法获取的表面参数也将更加可控，阵列定位更加精准。此外，激光刻蚀过程中的润湿性转变问题，同样值得深入探讨和研究。而化学刻蚀法在未来的研究中同样可以起到很好的辅助作用，应用于各种制备技术中，并为具有特殊功能的超疏水表面制备提供了可行性方案。

## 5.3    超疏水材料及表面的应用领域

超疏水材料和表面是近几年备受关注的研究热点，因其在抗冰、抗污、隐身、分离、防雾、防腐等方面有着不可比拟的优势，这些优势在很大程度上决定了超疏水材料在微流控、航天、农业、纺织、交通、建筑等诸多领域的应用[25]。

### 5.3.1　微流控芯片

1. 超疏水材料在微流控芯片上的应用

随着柔性电子器件的更新和换代，微流控技术由于能够对液滴进行精确操控，使得其发展成为一个前沿的研究领域，在科学界和工业界广泛应用[26]。近年来，为了实现微流控芯片的功能化和智能化控制，仿生微流控这个全新的概念逐渐发展起来[27]。例如，研究人员[28, 29]设计并制备了用于细胞培养的仿生凝胶，因为该仿生凝胶表面的粗糙结构，蛋白质和细胞对该超疏水表面表现出了极强的排斥性，所以利用仿生微流控的概念能够有效抑制蛋白质与基底之间的接触，实现抗污染的目的。

此外，流体的流动方向也能够利用调控材料表面浸润性来实现。Wang 等[30]提出了将微纳结构表面设计成非对称结构表面来满足液体非定向流动的要求，即液滴在非对称结构表面上沿着特定方向流动。Wedeking 等[31]设计并制备的具有低黏附性的超疏水薄膜材料是基于模板法复制聚苯乙烯微球阵列结构的方法制备的，该薄膜材料能够很好地改善微流控芯片中存在腔体塌陷的问题，使得微流控器件结构稳定性得到明显提升[31]。

仿生微流控这个全新的概念具有极高的学科交叉性。如果研究人员能够将结构仿生学的特性结合起来，为微流控芯片的设计和应用提出新的灵感，有望突破微流控技术的技术瓶颈，为促进微流控技术的实际应用提供新的设计构思。

2. 超疏水表面在微流控芯片上的应用

随着科技不断发展以及相关行业需求的不断提高，超疏水表面的应用范围越来越广泛，其中就包括微流控芯片领域。为了解决微流控芯片中常常出现的由其结构不稳定导致的腔体闭合问题，可以采用将普通硅胶盖板替换成柔性超疏水表面的方法，其腔体的实际基础面积可以通过调节表面粗糙度来调控，从而实现微流控芯片结构稳定性的显著提升[32]。

Raza 课题组[33]利用经过氟化处理的聚苯并噁嗪和 $SiO_2$ 纳米颗粒，在玻璃基底上制备出展现超疏水、高水黏附特性的仿生表面，见图 5.18。凭借在橡胶、金属、玻璃等不同基底上制备仿生超疏水和高黏附性表面，能够实现精准操控液滴。

具体操作是利用一种新型的原位聚合含氟聚苯并噁嗪（F-PBZ），在玻璃基片上制备了具有良好附着力和双钉扎水滴的超疏水薄膜，该薄膜具有下垂的脂肪族链和二氧化硅纳米粒子（$SiO_2$ NPs）。通过 F-PBZ/$SiO_2$ 纳米粒子改性，制备的复合膜与玻璃基体具有良好的结合力，水接触角（WCA）为 150°时为超疏水钉扎态，

WCA 接近 165°时为非钉扎态。表面形貌研究表明，通过调节薄膜的表面组成和结构可以控制薄膜的润湿性。所制备的薄膜对玻璃基体具有很高的附着力，在腐蚀性水中具有很好的耐久性，同时也可用于微液滴的传输，这有助于设计大面积、高可扩展性的超疏水薄膜。

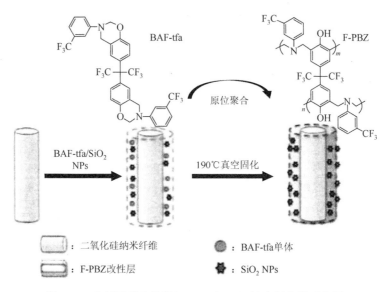

图 5.18　在纤维膜上修饰 F-PBZ 和 SiO$_2$ 纳米颗粒的示意图

　　葛学武课题组利用辐射乳液聚合的方法在微米级别的 SiO$_2$ 颗粒表面修饰了一层聚苯乙烯（PS）纳米颗粒（图 5.19），以甲基丙烯酰氧丙基三甲氧基硅烷（MPS）功能化 SiO$_2$ 粒子（176nm）为原料，经 γ 射线诱导苯乙烯（St）细乳液聚合，得到了具有纳米 PS 乳胶粒子（58nm）修饰的亚微米 SiO$_2$ 核的树莓状 SiO$_2$/PS 粒子（257nm）。制备的树莓结构微观形貌复合材料是利用调整表面活性剂和聚合过程中苯乙烯单体的浓度来控制的。

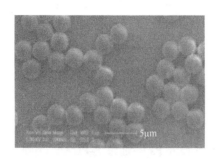

图 5.19　分散聚合制备的 PS 微球

结果表明，亚微米 SiO₂ 颗粒表面接枝 MPS 的密度、St/SiO₂ 质量比以及表面活性剂的浓度都会影响 SiO₂/PS 杂化粒子的形貌和润湿性。用扫描电子显微镜和原子力显微镜观察了树莓状 SiO₂/PS 颗粒在空白玻璃衬底上沉积时的双尺寸粗糙表面形貌。这种薄膜的静态水接触角高达 151°。然而，这种薄膜表现出较大的接触角滞后（约 116°）和对水的强黏附性。这种超疏水颗粒膜可以作为输送微小水滴的机械手而不受损失，因此在工业领域具有潜在的应用前景。

## 5.3.2 建筑防水

和传统的建筑防水措施相比，超疏水表面优异的疏水性能远远超过普通的防水卷材、防水涂料等其他材料，十分适用于建筑玻璃、地下室、内墙、外墙、金属框架等方面[34]。例如，充分利用超疏水表面受滚动角小以及接触角大影响产生的自动清洁功能，水滴在表面极易发生滚动，此过程中，可通过黏附污染物来实现自清洁的目的（图 5.20），因此，研究人员研发了多种适用于建筑的超疏水表面材料，例如，制备超疏水填料的涂料，能够以喷涂、滚涂、刷涂等多种方式涂至泡沫水泥保温板上，多适用于建筑外墙防水方面；而基于玻璃喷涂工艺所得的超疏水透明的自清洁表面，即使是处于 12h 的 300℃ 高温、高强辐射环境和 1h 的高速水流冲击，依旧能够保持极好的超疏水自清洁功能；在含氟丙烯酸的复合溶液以及有机硅乳液的基础上使用纳米二氧化硅制成的超疏水涂料，不仅在工艺方面非常简便，而且可以在室温下实现固化，还具备极稳定的超疏水性以及优异的抗脏污性，是一种典型的环境友好型涂料，其基胶为含氟聚硅氧烷和 107 硅橡胶的共混胶，凭借独特的梯度涂覆工艺得到的超疏水涂料有多级微纳米结构，且制作简单、经济高效，可进行工业化生产。

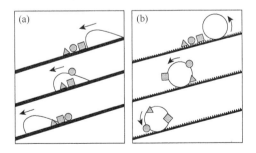

图 5.20 超疏水表面自清洁示意图：（a）和（b）分别为普通光滑表面和超疏水表面

此外，膜材料作为纺织品的分支之一，在建筑方面也有广泛应用，其中主要有织物基材、涂层材及表面处理层三个部分（图 5.21），其制成的超疏水膜材具有造型自由、阻燃性好、安装快捷、安全环保等优势，在水立方、上海世博会场馆等项目中都有一定体现。

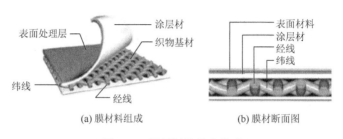

(a) 膜材料组成　　　　　　　　(b) 膜材断面图

图 5.21　膜材料的基本构成

### 5.3.3　纺织行业

超疏水表面在纺织品行业方面也有一定的应用，使纺织品具有拒水、拒油、易去污等功能。目前主要用于织物的超疏水表面的制备技术有两大技术[35]，一是利用共混、混纺、聚合等技术先获得超疏水性纳米纤维，随后经编织处理获得织物，故在合成纤维中较为常用；二是在已有织物成品的基础上附加功能整理使其具有超疏水性能，所以多用于多功能织物的生产方面。例如，基于"荷叶效应"得到的织物常用于制作具有超疏水自清洁功能的聚酯雨衣、雨篷、衣物、面料等。而国内人员利用无模板、具有耐久性的创新超疏水纺织品，生产出的聚合物整料有着大孔体积和高比表面积等优异特点，其不论在机械抗性、超疏水性或是环境耐久性等方面均有明显提高，甚至经过简单紫外线照射以及磨损便能够对润湿性进行切换；在聚酯织物上利用浸渍法制备的耐用超疏水表面涂层基本实现了微纳米结构的构建，进而使油水分离率达到了 99%[36]，这种简单快速的技术有望在未来工业应用领域具有强大的应用潜力。

### 5.3.4　航空领域

航空、交通、通信等行业受表面覆冰的影响非常大，表面覆冰极大地增加了通信中断、飞行器坠落等事故概率。然而在研究超疏水表面的过程中发现，超疏水具有防止表面覆冰的性能[37]，因此，可以依靠纳米颗粒和聚合物得到复合型超疏水涂层，并将涂层应用到碟形卫星天线上，由冻雨环境测试可以发现，天线的右侧覆冰量极少，而没有涂超疏水涂层的左侧则全部覆冰。此外，绝大部分的航空航天机械为轻质合金，而轻质合金极易被腐蚀，但是利用超疏水涂层具有的低表面能以及粗糙的显微结构，可有效隔绝轻质合金与腐蚀性气体、液体的接触，进而降低被腐蚀的风险。在发动机燃料方面,其长期处于潮湿的环境下,可能会渗入一定量的水蒸气,故可以使用浸渍法在泡沫镍上包裹三维立体结构的氧化铜,利用材料的超疏水性和超亲油性,迅速高效分离油水混合物,以此延长发动机的使用寿命并确保其处于一个安全可靠的状态运行。

### 5.3.5 国防领域

超疏水表面在国防领域的应用[38]主要表现如下。

(1)能够提升装备的防附着、防腐蚀、防覆冰、自清洁能力。例如,对舰船的武器系统等裸露的装备应用超疏水涂层材料,便可利用阻断水分与金属的接触的方法来阻断盐雾的侵害;而在舰船表面涂上超疏水材料,既可以防止海洋生物的附着,又可有效减少有色金属的使用;另外,采用石墨烯复合的超疏水材料,在-51℃的低温下仅仅需要施加 12V 的电压便可以防止结冰;此外,在玻璃材质上应用超疏水透明涂层,有利于显示屏、镜头、探测器等光电子设备的防护。

(2)能够提升人员的防护能力。在防水透气工作服和生化防护服中,超疏水面料也有广泛的应用,如美国对飞行员、特种兵、海军士兵等浸没在冷水的情况,研发了超疏水专用服装,即使人员处于20℃的冷水中24h,也可以透气、防水,非常轻便舒适。而采用超双疏面料的生化防护服,可以防止危险化学品的渗入,有效保护人员的安全。

### 5.3.6 流体减阻

在流体中航行物体的主要能量消耗是克服前进过程中的阻力,其中阻力主要是摩擦阻力以及压差阻力等,而摩擦阻力是主要部分,对类似潜艇的水下航行体等可达80%,在管道运输方面,如输油管道,能量消耗基本都是用于克服流固表面的摩擦阻力。故节约能源和提高航速的主要途径是尽可能减少表面的摩擦阻力。随着微型机电技术的更新换代,机电的规模也变得越来越小,固液界面的摩擦阻力相对也变得越来越大,摩擦阻力成为限制相关器件发展的一个非常重要的因素。近几年来,超疏水表面减阻的相关实验研究受到了广泛关注[39]。Jia 等基于硅烷化的超疏水硅表面进行减阻的研究,其减阻效果能够达到 30%~40%,实验中采用了刻蚀方法对超疏水表面进行形貌加工,发现其微观形貌为柱状结构。清华大学的张希教授巧妙设计了一个实验,通过比较在水溶液中具有超疏水表面的金属与普通的疏水金属的运动速度,证实了超疏水表面在减阻中发挥了至关重要的作用,如图 5.22 所示。

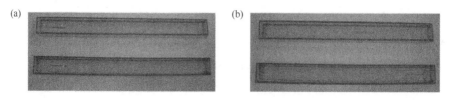

图 5.22　（a）将两端有 Pt 聚集的超疏水金线和普通疏水金线同时置于 30% $H_2O_2$ 溶液表面时的初始图像。（b）当超疏水金线到达槽的另一端时比（a）晚 70s

### 5.3.7　抗腐蚀研究

　　金属腐蚀对人类社会来说有着巨大的危害。在工业国家中，每年因金属腐蚀造成的损失大约占到该国当年国内生产总值（GDP）的 5%～6%。目前研究人员已经深入地研究腐蚀机理并建立了多种多样的方法来减缓金属的腐蚀，常用的方法有：电镀法、牺牲阴极法、有机层镀膜法等。近几年来，随着超疏水技术的不断发展，超疏水防腐蚀已受到了人们的广泛关注。段雪教授的研究团队发现了一种可以在铝的表面制备超疏水膜层的方法，按照此方法处理过的铝片放在 3.5wt%[①]的盐水（与海水浓度相似）中浸泡 20 天之后再进行加速腐蚀，它的极化电流仍然远远小于未经任何处理的铝片，体现了极好的抗腐蚀性[40]。

## 5.4　超疏水材料的发展趋势

　　不可否认的是超疏水材料确实为我们带来了很多便捷和利益，但在大范围、长距离应用的研究方面还远远不够。例如，在生活与工农业生产过程中，超疏水材料不可避免地会遭受冲压、摩擦、撞击等作用的影响，极易破坏其粗糙结构，进而影响到其疏水性，且受到潮湿、日光、高温等环境的干扰，也很可能出现灰尘、油污污染等现象，导致其表面逐渐老化，进而弱化其疏水性能。此外，成本也是一个不可忽视的因素，这些都极大地制约了超疏水材料的应用及发展。

　　因此，在日后的研究过程中，一方面要尽可能解决超疏水材料易老化、不稳定的问题，不断地寻求成本低廉、设备易得、操作简单的先进制备技术，以保证超疏水材料在性能可靠、稳定的前提下进行大规模化生产；另一方面则要从自然中寻求灵感，拓展功能，寻找创新应用方向，如提高电池效率及散热率，研发用于灵活、快速执行特殊任务的新型水上机器人，开发定向集水材料或快速高效的油水分离装置等，不断地推动超疏水材料向着可调控、智能化、高性能、多功能的方向发展。

---

① wt%表示质量分数。

超疏水材料性能优异、功能丰富，在现实的诸多领域中能够发挥重要作用，但同时超疏水材料也面临着一定障碍，需要我们不断完善超疏水理论知识，创新制备技术，积极探索简单、经济、安全、高效的超疏水制备途径，为未来实现大规模的生产和应用提供有力的支持。

# 5.5 小 结

本章阐述了超疏水现象以及超疏水基本的理论与模型，由自然界中的常见超疏水现象解释超疏水材料的由来，并对超疏水材料研究发展历史做了进一步展开介绍。归纳了几种目前常见的超疏水表面制备方法与技术，超疏水材料因其性能优异、功能丰富，在现实中的诸多领域中发挥着十分重要的作用。此外，介绍了超疏水材料在微流控等领域应用以及在这些领域的发展潜力，超疏水材料在一定程度上完善了微流控芯片的功能化和智能化，我们对超疏水材料未来发展趋势做出了客观性分析与期待，在解决超疏水材料易老化、不稳定的问题的同时，不断地寻求成本低廉、设备易得、操作简单的先进制备技术，以保证超疏水材料在性能可靠稳定的前提下进行大规模化生产。为了不断推动超疏水材料向着可调控、智能化、高性能、多功能的方向发展，需要进一步从自然中寻求灵感，拓展功能，寻找创新应用方向。

## 参 考 文 献

[1] Young T. An essay on the cohesion of fluids[J]. Philosophical Transactions of the Royal Society of London，1805，95：65-87.

[2] Li Y，Li S，Bai P，et al. Surface wettability effect on aqueous lubrication：Van der Waals and hydration force competition induced adhesive friction[J]. Journal of Colloid and Interface Science，2021，599：75-667.

[3] Ding L，Wang Y，Xiong J，et al. Plant-inspired layer-by-layer self-assembly of super-hydrophobic coating for oil spill cleanup[J]. Polymers，2019，11（12）：2047.

[4] Ma Q，Wang B，Xu J，et al. Preparation of super-hydrophobic polyster fabric by growing polysiloxane microtube and its application[J]. Silicon，2018，10（5）：2009-2014.

[5] Li C，Sun Y，Cheng M，et al. Fabrication and characterization of a TiO₂/polysiloxane resin composite coating with full-thickness super-hydrophobicity[J]. Chemical Engineering Journal，2018，333：361-369.

[6] Lee E，Kim D H. Simple fabrication of asphalt-based superhydrophobic surface with controllable wetting transition from Cassie-Baxter to Wenzel wetting state[J]. Colloids and Surfaces A：Physicochemical and Engineering Aspects，2021，625：126927.

[7] Huang Y，Zhang H，Zeng C，et al. Scale-free and small-world properties of a multiple-hub network with fractal structure[J]. Physica A，2020，558：125001.

[8] Dong J，Jin Y，Dong H，et al. Numerical calculation method of apparent contact angles on heterogeneous double-roughness surfaces[J]. Langmuir，2017，33（39）：10411-10418.

[9]　　Niu H，Zhang H，Yue W，et al. Micro-nano processing of active layers in flexible tactile sensors via template methods: A review[J]. Small，2021，17（41）: 2100804.

[10]　Zhang K，Zhang J，Liu Y，et al. A NIR laser induced self-healing PDMS/Gold nanoparticles conductive elastomer for wearable sensor[J]. Journal of Colloid and Interface Science，2021，599: 360-369.

[11]　Gong D，Long J，Jiang D，et al. Robust and stable transparent superhydrophobic polydimethylsiloxane films by duplicating via a femtosecond laser-ablated template[J]. ACS Applied Materials & Interfaces，2016，8（27）: 17511-17518.

[12]　Wu D，Wang J，Wu S，et al. Three-level biomimetic rice-leaf surfaces with controllable anisotropic sliding[J]. Advanced Functional Materials，2011，21: 2927-2932.

[13]　Mele E，Girardo S，Pisignano D. Strelitzia reginae leaf as a natural template for anisotropic wetting and superhydrophobicity[J]. Langmuir，2012，28（11）: 5312-5317.

[14]　Wang Y，Shi Y，Pan L，et al. Multifunctional superhydrophobic surfaces templated from innately microstructured hydrogel matrix[J]. Nano Letters，2014，14（8）: 4803-4809.

[15]　Choo S，Choi H，Lee H. Replication of rose-petal surface structure using UV-nanoimprint lithography[J]. Materials Letters，2014，121: 170-173.

[16]　Qi Y，Cui Z，Liang B，et al. A fast method to fabricate superhydrophobic surfaces on zinc substrate with ion assisted chemical etching[J]. Applied Surface Science，2014，305: 716-724.

[17]　张群兵. 微纳米复合结构超疏水性表面材料的制备与表征[D]. 宁波: 宁波大学，2012.

[18]　Ming W，Wu D，van Benthem R，et al. Superhydrophobic films from raspberry-like particles[J]. Nano Letters，2005，5: 2298-2301.

[19]　Shang H M，Wang Y，Limmer S J，et al. Optically transparent superhydrophobic silica-based films[J]. Thin Solid Films，2005，472: 37-43.

[20]　Li M，Zhai J，Liu H，et al. Electrochemical deposition of conductive superhydrophobic zinc oxide thin films[J]. Journal of Physical Chemistry B，2003，107: 9954-9957.

[21]　Tian Y，Liu H，Deng Z. Electrochemical growth of gold pyramidal nanostructures: Toward super-amphiphobic surfaces[J]. Chemistry of Materials，2006，18（25）: 5820-5822.

[22]　Qu M，Zhang B，Song S，et al. Fabrication of superhydrophobic surfaces on engineering materials by a solution-immersion process[J]. Advanced Functional Materials，2007，17: 593-596.

[23]　Abdullah M A R，Mamat M H，Ismail A S，et al. Direct and seedless growth of Nickel Oxide nanosheet architectures on ITO using a novel solution immersion method[J]. Materials Letters，2019，236: 460-464.

[24]　Gu Q，Chen Y，Chen D，et al. Construction of super-hydrophobic copper alloy surface by one-step mixed solution immersion method[J]. IOP Conference Series: Earth and Environmental Science，2018，108（2）: 22038.

[25]　Larmour I，Bell S，Saunders G. Remarkably simple fabrication of superhydrophobic surfaces using electroless galvanic deposition[J]. Angewandte Chemie（International ed.），2007，46（10）: 1710-1712.

[26]　高姗，李红强，官航，等. 自修复超疏水材料的制备及功能化研究进展[J]. 精细化工，2020，37（12）: 10.

[27]　Chen J，Li J，Sun Y. Microfluidic approaches for cancer cell detection，characterization，and separation[J]. Lab on a Chip，2012，12（1）: 1753-1767.

[28]　Wang X，Chen S，Zhang Y，et al. Anti-self-collapse design of reservoir in flexible epidermal microfluidic device via pillar supporting[J]. Applied Physics Letters，2018，113（16）: 163702.

[29]　Song W，Mano J F. Interactions between cells or proteins and surfaces exhibiting extreme wettabilities[J]. Soft Matter，2013，9（11）: 2985-2999.

[30]　Wang E N，Chu K，Xiao R. Uni-directional liquid spreading on asymmetric nanostructured surfaces[J]. Nature Materials，2010，9（5）：413-417.

[31]　Eichler-Volf A，Kovalev A，Wedeking T，et al. Bioinspired monolithic polymer microsphere arrays as generically anti-adhesive surfaces[J]. Bioinspiration & Biomimetics，2016，11（2）：025002.

[32]　Abeywardana D K，Hu A P，Salcic Z. Electropermanent magnet based wireless microactuator for microfluidic systems：Actuator control and energy consumption aspects[C]. IEEE，2016，2016：1-3.

[33]　Raza A，Si Y，Ding B，et al. Fabrication of superhydrophobic films with robust adhesion and dual pinning state via *in situ* polymerization[J]. Journal of Colloid and Interface Science，2013，395：256-262.

[34]　Kim S，Lee S，Hong S. Hierarchical micro/nano-structured nanoimprinting stamp fabrication for superhydrophobic application[J]. Applied Spectroscopy Reviews，2016，51（7-9）：636-645.

[35]　Xu D，Wang M，Ge X，et al. Fabrication of raspberry SiO$_2$/polystyrene particles and superhydrophobic particulate film with high adhesive force[J]. Journal of Materials Chemistry，2012，22（12）：5784.

[36]　李杨，汪家道，樊丽宁，等. 聚酯织物表面耐用超疏水涂层的制备及在油水分离中的应用[J]. 物理化学学报，2016，32（4）：906-990.

[37]　Traipattanakul B，Tso C Y，Chao C Y H. Study of jumping water droplets on superhydrophobic surfaces with electric fields[J]. International Journal of Heat and Mass Transfer，2017，115：672-681.

[38]　Liu J，Bai C，Jia D，et al. Design and fabrication of a novel superhydrophobic surface based on a copolymer of styrene and bisphenol A diglycidyl ether monoacrylate[J]. RSC Advances，2014，4（35）：18025-18032.

[39]　Ming Z，Jian L，Chunxia W，et al. Fluid drag reduction on superhydrophobic surfaces coated with carbon nanotube forests（CNTs）[J]. Soft Matter，2011，7（9）：4306-4391.

[40]　Su F，Yao K. Facile Fabrication of superhydrophobic surface with excellent mechanical abrasion and corrosion resistance on copper substrate by a novel method[J]. ACS Applied Materials & Interfaces，2014，6（11）：8762-8770.

# 第6章 纳 米 孔

当前，随着纳米科技的不断发展，纳米孔作为新兴的单分子检测技术，通过利用纳米级的小孔内的离子电导使得在纳米尺度上单分子和靶标的结合变得可视化[1]。由于这样的检测方法并不需要将等待测量的物体贴在检测传感器的表面，而且这种检测方法也不需要标记单分子，因此纳米孔的分析和检测技术借助它的免标记、成本低和方法简便正逐渐在业内火热起来。如今，纳米孔技术已经逐步渗透到电子信息、化学、生物工程、物理以及微纳等多个工学领域，并形成了多种类型的纳米孔参与应用。本章主要从种类、原理、应用三方面介绍纳米孔。

## 6.1 概 述

基于1953年库尔特计数技术和20世纪70年代的单通道电流记录技术两项技术的融合，纳米孔技术开始发展。在20世纪70年代，美国加利福尼亚大学的David Deamer发现细胞的生物膜上结合了多种蛋白质组成的通道。这些通道的功能是提供了一个有门控作用的孔，使细胞周围的一些营养物质（葡萄糖、氨基酸）和离子（$Na^+$、$K^+$、$Ca^{2+}$、$Cl^-$）穿过不可渗透的磷脂双分子层。

纳米孔传感器通常依赖于从孔的两侧进行连续的电检测，在过去的20年里已经被应用于DNA测序、单分子检测、分子形态分析、药物筛选甚至海水淡化。纳米孔可分为在脂质双层膜上嵌入带孔的蛋白质形成的生物纳米孔和在超薄固态膜上制备的固态纳米孔。生物纳米孔具有良好的生物相容性和较低的检测噪声，这使得它们目前在单分子传感方面比固态纳米孔具有更高的精度。但是，生物纳米孔因为纳米孔的尺寸较为固定且其脂质双层膜的脆弱性，在大分子检测中的应用受到了极大的限制。除了生物纳米孔外，具有尺寸可调、稳定性强、可扩展的化学修改性和环境耐受力的固态纳米孔在单分子检测方面也有潜力。

微流控系统是一种操控微小流体或利用微通道处理的系统，它与纳米孔传感器有极高的相容性。微尺度的流道和电解质溶液箱有效地减少了样品的损失，从而提高了检测效率。从开式进液口改为双进液口和双出液口，大大提高了溶液环境的严密性和清洁度，提高了样品的新鲜度和流动性。固定和嵌入式微电极减少了系统噪声和暴露在空气中的机会，这也为模拟检测系统提供了更好的条件。微流控系统的化学修饰增强了分析物分子的采集和信号的特异性。此外，微流控系统强大的集成能力为纳米孔并行检测和多功能检测提供了潜力，扩展了纳米孔生物传感器的应用领域。

纳米孔可以在脂质双分子层上生物形成，也可以使用半导体技术在绝缘纳米尺度材料上工程形成。在这两种情况下，构成单个纳米孔的层都称为"膜"。膜在离子溶液中分隔两个腔室，孔在每个腔室之间提供离子通道。在纳米孔上施加电场后，由于电解质离子的通过，可以观察到稳定的离子电流轨迹。一旦电解质离子体积变大的任何分子加入其中一个隔间，分子就会被迫通过纳米孔，并阻塞孔一段时间。这也意味着离子电流的阻塞，记录为电流轨迹的调制。每一种电流调制都能提供有关孔内分子的电荷和大小的详细信息。

## 6.2　纳米孔的种类

从 20 世纪末开始，纳米孔的研究开始兴起，纳米孔的检测技术在整个科学界尤其是化学和生物领域激起了研究者极大的兴趣，各个国家的研究人员开始对纳米孔这一领域进行科学研究，这使得纳米孔得到了极为显著的发展和应用[2]。

在大家致力于纳米孔的研究时，纳米孔技术发展得到了阶跃式的提升，纳米孔的类别也从仅有一种的生物纳米孔转变出了各式各样的人工合成的纳米孔，目前的纳米孔大概有三种：①嵌在脂质双层膜中的生物纳米孔；②在固态基底上形成的纳米孔；③杂化纳米孔。

### 6.2.1　生物纳米孔

当前，纳米孔传感已经有了极大的发展，而针对纳米传感这一方向，最佳的适配方案是采用生物纳米孔，生物纳米孔相对于其他种类的纳米孔有着独特的优势，例如，生物纳米孔的孔径大小无需进一步加工即可与大部分的其他重要生物分子的尺寸相互匹配，另外，它可以重现具有原子精度的孔洞结构[3]。

此外，生物纳米孔也可以通过很多种方法进行加工设计，如定向诱变或特定适配器的引入等[4]。所以，对于生物纳米孔可以针对蛋白质的纳米孔的一部分做小小的加工来使得它可以更契合于一些传感器的应用。

当前，已经有很多各式各样的生物纳米孔被研究人员开发出来，并在实际的传感器中得到了很好的应用[5]。

### 6.2.2　人工固态纳米孔

如上文所说，生物纳米孔在传感器领域的应用已经非常广泛并有了很好的评价，但是生物纳米孔的一些局限性也是不得不面对的问题。例如，蛋白质的孔隙的大小没有办法随意调整；在极端环境如温度过高、极度盐碱性等条件下，生物纳米孔的稳定性会受到极大影响，这给纳米孔的应用和实验带来了困难和挑战。

而人工固态纳米孔就可以很好地弥补上述生物纳米孔体现的一些缺点，因为人工固态纳米孔的直径可以根据实验的要求完成纳米级的精准调节，直径从几纳米到几百纳米可以在指导下完美调整。除了上述相较生物纳米孔所体现出的独特优点之外，固态纳米孔还有着极好的稳定性，可以在更宽泛的环境条件下有更好的机械稳定性、热稳定性等，面对极端的 pH 值、温湿度也可以表现出稳定状态。最近这几年，人工固态纳米孔在 DNA 测序、单分子检测以及细胞生物学等方面都有着极为广泛的应用。

### 6.2.3 杂化纳米孔

针对上面两种纳米孔，生物纳米孔有着极好的结构，可以和大部分的其他生物分子相互匹配，它还具有原子精度的孔洞，而固态纳米孔则呈现的是孔隙的直径、形状均可调控，同时还有着极佳的稳定性。但是，它们在拥有先天优势的同时也有着很大的实验和应用限制，若是将这两种小孔相互结合，就可以很好地避开这两种纳米孔的缺点，从而适应于更宽泛的条件，也就没有了缺点导致的限制。Cees Dekker 研究小组成功完成了这个假想，并诞生了新的纳米孔种类——杂化纳米孔。如图 6.1 所示，他们直接将 α-溶血素插入固态纳米孔中形成一种新的杂化纳米孔，并将其应用在 DNA 测序中。杂化纳米孔具有蛋白表面修饰的优点，且避免了脂质双分子层的不稳定性。

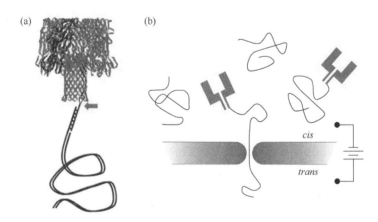

图 6.1　α-溶血素嵌入 SiN$_x$ 纳米孔中用于 DNA 测序[6]

（a）α-溶血素结合 DNA；（b）新的杂化纳米孔用于 DNA 测序

## 6.3　纳米孔检测的原理

纳米孔单分子检测技术的基础是库尔特计数器相关原理。在库尔特计数器中，微米级别的带电物质穿过小孔时导致孔内的离子电流检测到瞬态变化[7]。库尔特计数器两侧是较大的充满电解质的空腔，这两个空腔在中间通过一个小孔连接。图 6.2 所示便是典型的库尔特计数器，当有微小的粒子或者细胞处于其中一个空腔中时，这类微小物质穿过两腔中间的小孔时会使得小孔造成堵塞从而导致电阻发生激变从而引起电流变化。根据电流的变化情况可以探知大致上通过了多少个微粒，电阻变化幅度的大小和穿过微孔的粒子的体积成正比，同时也可以根据电阻激变的时间长短来判断穿孔的微粒的长短。图 6.3 为微粒通过小孔时的过程分

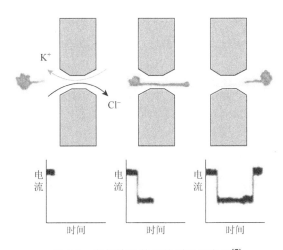

图 6.2　库尔特计数器的原理示意图[7]

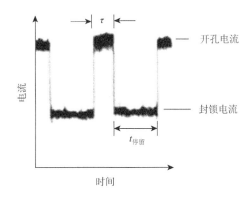

图 6.3　微粒通过小孔的过程分析[7]

析，其中 $t_{停留}$ 为微粒阻塞小孔的时间，即微粒的长短，而根据电流变化的幅度可以估算微粒的数目和平均大小，还有一个参数是捕获率，即单位时间内穿孔事件的次数。

单通道电流记录技术最开始是用来表征嵌在天然脂质双分子层膜中的单个膜离子通道[8]，通过这项技术，能够应用库尔特技术原理进行纳米孔的分析。离子通道的生物结构极其复杂，其可将特定的无机离子在膜内进行传递[9]。绝大多数的离子通道可以借助通道的开放和闭合来控制离子移动的速度、方向等，这个方法可以响应一些外部的刺激，如电压或神经递质等，这样的通道主要是由蛋白质通道的构象变化所控制的。纳米孔的分析和生物离子通道的分析不同，它的电流的改变是因为带电物质穿过纳米孔时所造成的静电效应抑或是空间发生了改变，而生物通道的电流变化是通道阻塞造成的。尽管生物通道可检测一些所需的分子，但是生物通道自身具有和某种特定的分子结合的能力，而纳米孔是没有这种结合能力的，所以说两者比较而言纳米孔更适合用于某些分子检测。纳米孔的表面通过人工处理后可以有特定的结合点，所以纳米孔可以用来做分析物的检测[10]。

## 6.4 应 用 领 域

各式各样的纳米孔材料已经被广泛应用到各个领域。纳米孔的未来可能在于与其他平台的整合，如微流控网络，以提供自动化和简化处理液体交换。最近发表的一些文章说明了几种不同类型的具有微流控通道的固态纳米孔芯片的组合，应用于各种领域。例如，有几个研究小组展示了用于细菌样本研究的膜与纳米孔阵列的整合，以及基于光学监测捕获的大小选择性 DNA 传输。最近也有报道称，微流控通道中单个纳米孔的集成使用了不同的材料和设备制造技术，用于多种应用，如核糖体亚基和 DNA 的易位。一种单毛细管集成微流控装置也已被证明可用于无标记的单 DNA 分子的流入检测。在类似的尝试中，Hong 等[11]展示了经典的氮化硅（$Si_3N_4$）纳米孔集成器件用于单个细胞的研究。集成纳米孔的微流控设备也使生物传感器研究人员产生极大兴趣。

然而，在以前的研究中，要么是使用了纳米孔阵列，要么是纳米孔装置的制造过于苛刻，要么是在连续流动的情况下没有进行检测。在连续流动条件下，目前还未发现有研究能够证明使用经典的硅纳米孔集成器件和制造技术可以利用电化学检测单个生物分子。微流控通道在片上实验室设备上发挥功能的先决条件是连续流动的使用。可以构建一个单片装置实现这一点，在同时处理（如样品纯化、分离和必要的扩增）时能够检测单个物种。

### 6.4.1　在微流控器件方面的应用

纳米孔在微流控方面的应用主要是集成纳米孔/微通道器件[12]，其中单个纳米孔被隔离在两个微流体通道之间。该器件是在两个聚二甲基硅氧烷（PDMS）微通道之间的聚对苯二甲酸乙二醇酯（PET）膜上嵌入轨迹刻蚀的锥形纳米孔。将纳米孔集成到微流控器件中，可提高质量传输到纳米孔，并可方便地耦合应用电位。这些单个纳米孔的电学和光学特性表明，在微通道中，不需要双层重叠来形成纳米孔附近的离子耗尽区；相反，纳米孔中过量的表面电荷促成了这个离子耗尽区的形成。使用荧光探针在纳米孔/微通道结附近光学绘制离子耗尽区和荧光素的堆积，电流测量确认了离子耗尽区的形成。

我们对纳米流体器件的兴趣源于它们独特的离子和分子传输特性，已经通过使用蛋白质和合成纳米孔及纳米通道进行的各种实验证明了这一点[13]。例如，轨迹刻蚀膜上的单锥形纳米孔已被用于检测单个卟啉和牛血清白蛋白分子，纳米通道器件可有效地在纳米通道/微通道界面上浓缩荧光素、蛋白质和多肽。这些报道将这种浓度效应归因于纳米通道中电双层重叠导致的通过纳米通道的不平衡离子通量。在这种情况下，双层重叠阻碍了电渗流动和共离子输运，从而导致电场作用下的浓差极化。这种阻碍离子传输也被用于在由高孔密度膜分隔的微流控层上创建化学梯度[14]。包含识别元素的类似设备可以浓缩质量有限的样本。由于纳米孔尖端的高电场强度，锥形纳米孔用于电动力学捕获和集中粒子。最近在制备分离固体纳米孔方面也取得了一些进展[15]，这进一步为传感应用和可能的 DNA 测序提供了机会。例如，使用透射电子显微镜将单个纳米孔钻到氮化硅/氧化硅膜上，与微流控通道集成，并与光镊结合，来测量 DNA 分子易位时所施加的力。带有微通道的单个纳米孔的分离为探测与纳米管道相关的电动和传输现象提供了机会。这里介绍的研究中，使用了带有多个孔（$10^6$ 个孔/cm²）的轨迹刻蚀膜，这些孔的尺寸和跨膜的电导率各不相同。因此，在膜中分离单个纳米孔能够确定特定的孔是如何促进离子耗尽区和样品堆积的形成。

图 6.4 显示了组装的器件的原理图和位于上下微通道之间的膜的透射光图像。如前所述，在轨迹刻蚀 PET 膜和 PDMS 微通道中制备了锥形纳米孔。用扫描电子显微镜测量的纳米孔尺寸分别为 130nm（尖端 50nm）和 940nm（底部 110nm），每个微通道的尺寸为 8.6μm（0.6μm 宽）和 18.6μm（交叉点附近 0.6μm 深）[17]。通过透射光观察到在交叉点处单个纳米孔的隔离[图 6.4（b）]，并通过电测量加以确认。当通道交点处没有孔洞时，电导为零，孤立一个孔洞时，平均电导 18.5S。

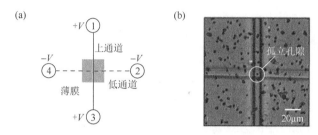

图 6.4　（a）集成纳米孔/微通道器件原理图[16]；（b）在通道交叉处分离单个纳米孔的两个正交微通道透射光图像，图中的黑点是 PET 膜上刻蚀的纳米孔

使用带有荧光附着物的倒置光学显微镜评估流体传输，使用电压源和皮安计测量电流作为施加电位和时间的函数。最初的实验使用 10μL 荧光素溶液，在 10mL 磷酸盐缓冲液中加入 100mL NaCl 溶液。在磷酸盐缓冲液（pH6.8）中，纳米孔壁带负电荷，荧光素为阴离子，因此它的电泳迁移率与设备中的电渗迁移率相反。

图 6.5 显示了在储层 1 和 3 上施加 5V 电压，储层 2 和 4 接地时离子耗尽区的形成。从荧光图像中可以看出，在垂直通道中纳米孔的阳极侧形成了一个耗尽区[图 6.5（c）和（d）]。为了验证离子耗尽区的形成，进行了一系列电流测量，以确定暗区的形成是否与通过器件的电导率下降相一致。图 6.6（a）显示了单个孤立纳米孔的电流-电压（$I$-$V$）曲线。应用电压以 0.5V/步的增量从 0V 扫描到 10V，每步的时间是 0.1s、1s 或者 10s。

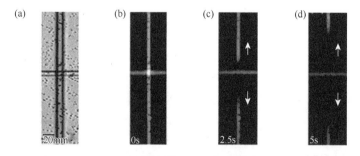

图 6.5　（a）在通道交叉处隔离单个纳米孔的微流控装置的透射光图像；将施加 5V 电压后 0s（b）、2.5s（c）和 5s（d）处垂直微通道中离子耗尽区形成的荧光图像，箭头表示阴离子迁移的方向，缓冲液为 10mL 磷酸盐缓冲液和 100mL NaCl[16]

如图 6.6（a）所示，电流和电压在低应用电压时呈欧姆关系，但在高应用电压时达到限制电流。这种 $I$-$V$ 行为表明，在交叉点附近离子确实被耗尽[图 6.5（c）和（d）]，这限制了通过微通道的电流。无论是正电位施加在膜的尖端或基部，结果是相同的，这表明不对称的锥形纳米孔的形状不影响耗尽区形成。图 6.6（b）

显示了施加 1V、5V 和 10V 电位 3min 内的电流-时间（*I-t*）曲线。当施加 5V 和 10V 时，电流显著下降，然后保持不变，这意味着形成了一个稳定的离子耗尽区。当施加 1V 时，没有观察到电流随时间的显著变化，表明没有形成离子耗尽区。我们将此归因于阈值电位，该阈值电位必须用于克服扩散并使离子耗尽区形成。当施加 1V 时，微通道内的扩散输运与电动输运大小相同。然而，施加 5V 和 10V 的电位会导致电动输运，在实验的时间尺度上，电动输运明显高于扩散输运。在这些实验中，与纳米孔尺寸（尖端直径约 130nm）相比，电双层很薄（约为 1nm），这使得电双层不太可能重叠。这与观察结果一致，即共离子（阴离子）通过孔的运输没有受到阻碍，荧光素在孔的阴极侧也没有富集[图 6.5（c）和（d）]。测量缓冲液在主槽液、微通道和纳米孔中的电导率，见图 6.7。

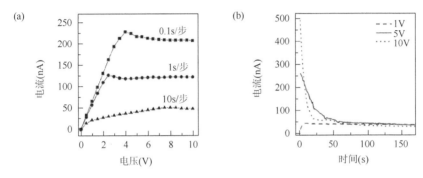

图 6.6  0.1s/步、1s/步和 10s/步的电流-电压（*I-V*）曲线（a）和施加 1V、5V 和 10V 的电流-时间（*I-t*）曲线（b）。在储层 2 和 4 接地的情况下，对储层 1 和 3 施加电位缓冲液为 10mL 磷酸盐和 100mL NaCl[16]

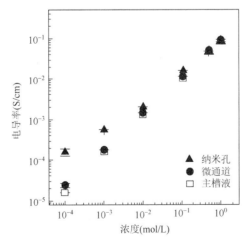

图 6.7  纳米孔、微通道和主槽液中电导率随缓冲液浓度的变化，误差条为 $\sigma$（$n = 3$）[16]

使用 10mL 磷酸盐缓冲液和 100mL 氯化钠磷酸盐缓冲剂,可以不断重复上述的测量结果,所以假设也得到了证实。如图 6.7 所示,在整个缓冲液浓度范围内,微通道和主槽液的电导率相似,而在低缓冲液浓度下,纳米孔电导率偏离了微通道本身的电导率。这是由于纳米孔的表面体积比增加,进而导致表面电荷对纳米孔导电性的影响增加。通过在 10mL 磷酸盐缓冲液和 100mL NaCl 下的测量,可以计算出大约有 30% 的电流通过纳米孔的表面。因此,纳米孔内的阳离子通量大于微通道内的阳离子通量,阳离子在阳极上靠近纳米孔的一侧,负离子浓度的降低维持了该区域的电中性。

### 6.4.2　在工业隔热领域中的应用

在传统的工业隔热领域,纳米孔材料主要是通过与传统玻璃纤维卷毡进行复合,来制备纳米孔隔热卷毡,通过包覆管道,对管道中的热流起到隔热保温的效果。最早的气凝胶隔热卷毡是美国 ASPEN 公司研究出来的,其拥有极好的保温、隔热性能,在常温下,导热系数约为 0.02W/(m·K),远超过岩棉、玻璃棉等材料,在军工、国防、工业等领域应用十分广泛。但气凝胶绝热卷毡也有不足之处。首先,气凝胶绝热卷毡没有良好的耐高温性能(<550℃),无法应用在大部分的高温、防火领域;其次,气凝胶绝热卷毡产生的烟毒性较高,有机物残渣较多,在使用时会对人体产生伤害;最后,气凝胶绝热卷毡的生产工艺极为复杂,采用高温、高压的超临界干燥或多次溶剂置换工艺,且能耗大、设备成本高、污染严重,因此,气凝胶绝热卷毡无法大规模生产和应用。介孔隔热热卷毡相比传统材料具有优异的隔热、保温性能。在 500℃ 的高温条件下,导热系数处于 0.085W/(m·K)以下,符合气凝胶绝热卷毡的国标要求[18]。此外,介孔隔热热卷毡的烟毒性及燃烧热值极低,为 A1 级不燃材料,使用温度可以达到 1000℃ 以上,可应用在防火、窑炉、消防等众多领域。相较于气凝胶隔热卷毡,介孔隔热卷毡最大的优势是采用绿色的生产工艺,具有快速、无污染的特点,降低了生产成本,适合大规模生产及应用。

### 6.4.3　在防火隔热领域中的应用

在防火隔热领域,传统防火材料主要包括:防火砖、防火水泥、岩棉板、硅酸钙板等,但这些材料都有一定程度的不足[19]。岩棉板需要较大的厚度才能有一定的防火隔热性能,且隔热性能相对较差,吸湿性高,遇水后防火隔热性能大大降低;硅酸钙板虽然有极好的耐火极限,但强度很差,隔热效果也一般;防火砖、防火水泥等材料,虽然强度高、耐火性能强,但没有良好的保温隔热的性能;气凝胶虽然保温隔热性能优异，但在耐高温性能方面表现不足（<550℃），在防火隔热领域极少使用。而介孔隔热材料不仅拥有极好的保温隔热性能，而且具有良好的防火性能（>1000℃），且憎水率高达99%以上，极大地弥补了传统防火材料吸湿性较大的不足。经防火隔热实验检验，由介孔隔热毡板等材料组装而成的3000mm（高）×3000mm（宽）×220mm（厚）墙体，当环境温度为28℃时，可按照标准升温曲线升温至1290℃，冷面平均温度仅有44.4℃，比环境温度仅仅高出16.4℃，完全达到防火标准。此外，介孔隔热材料在阀门防火罩、防火水泥、防火封堵板材、桥架电缆等防火涂料、缝隙封堵材料、包覆材料方面也会有广泛的潜在应用。

### 6.4.4 在建筑保温领域中的应用

常见的建筑保温材料有岩棉、保温砂浆、膨胀聚苯乙烯（EPS）、挤塑聚苯乙烯（XPS）等。保温砂浆和岩棉等无机材料，虽然拥有良好的阻燃性能，但保温隔热性能较差，需要达到一定的厚度才能满足需求；EPS、XPS等有机高分子发泡材料，虽然保温隔热效果较好，但是燃烧等级最高达到B1级，且使用寿命较短，需定期更换。因此，纳米孔材料在建筑保温领域的应用不断被开发出来[20]。2014年，美国Cabot（卡博特）公司在建筑保温材料中使用气凝胶[21]，制备成的气凝胶隔热保温材料阻燃性良好，导热系数低至0.03W/(m·K)。但气凝胶由于孔道结构存在一些问题，在建筑领域中的应用受到限制。且气凝胶与无机凝胶等材料相容性较差，因此也不能直接应用到自保温混凝土材料中。但介孔隔热材料由于其特殊的孔道结构，不仅具有良好的保温隔热性能，还拥有较高的结构强度。利用不同的生产工艺，可制备出多种不同强度、不同粒径的粒子（或粉料）。目前已成功制备出导热系数在0.030~0.035W/(m·K)的保温粒子，其隔热性能远远强于传统保温粒子[如玻化微珠等，导热系数约为0.048~0.055W/(m·K)]，可应用在保温砂浆等领域；此外，还成功制备出筒压强度介于5.0~5.5MPa的保温粒子，其导热系数可达0.080~0.090W/(m·K)，导热系数、保温隔热性能远远优于同等强度的传统材料（如陶粒），可应用在自保温墙体等领域。目前，经相关部门检测，该粒子制备而成的建筑保温试块，导热系数可达0.12~0.13W/(m·K)，抗压强度高达10MPa，性能远优于传统材料。介孔隔热粉料也成功应用在发泡高分子保温材料领域，在不损失高分子保温材料导热系数的情况下，成功将其耐火等级由B级提升至A2级。

### 6.4.5 在生物分析领域中的应用

目前，高通量、自动化和高集成微流控系统的需求日益增长，其已在生化分析、临床诊断、细胞分析、药物筛选和运输、细胞组织工程和培养等生命科学领域发挥越来越大的作用[22, 23]。不断提高微纳制造技术和工艺水平，才能设计功能多样的集成微流控芯片，进而促进微流控芯片技术的广泛应用。空间分辨光图案化技术是集成微流控芯片功能的主要方法之一[24]，而且仅需简易的光源、掩模、光预聚体溶液和装置等。基于掩模和芯片的匹配设计或预聚体的特性，利用光源照射，可在芯片中集成多种性质的功能区域，甚至阵列区，以满足不同实验的需求，如水凝胶、纳米孔薄膜、整体柱、微井和微反应器等，利用这些微结构单元实现微流控芯片在生物分析领域的应用。

Liu和Xu研究组[25]详细研究了微流控芯片中聚丙烯酰胺凝胶光聚合集成的形成机理和凝胶纳米孔调控方法，从 Poisson-Nernst-Planck 方程出发，用电泳通量与电渗通量之比定量描述了纳米孔密度对离子富集的影响。

重叠在纳米通道中的双电层（EDL）对离子表现出独特的选择性，所以可用于富集微流控芯片中的各种微量分子。该技术已应用于海水淡化、酶反应、免疫分析筛选和生物分子捕获。本质上，电离子富集是发生在微纳区的选择性离子迁移的结果。一些文献致力于研究电渗流动和电渗疗法的影响。纳米通道的厚度对效率产生影响导致了微纳米区的流动延迟、不均匀的速度分布和涡流[26]。这些形式的流体可以影响通过纳米通道的离子传输，并减少微纳米区的波动[27, 28]。为了抑制电渗流对富集的影响，使用凝胶塞来稳定耗尽侧的液体，并匹配过量的离子以保持稳定的离子电流[28]。电渗流及其引起的相反离子之间的竞争被用来定义电渗流现象的四个过程。Liao 和 Chou[29]进行了富集实验，并研究了电渗流及其产生的影响。王俊尧等[30]定量分析了电渗流对物种多样性指数的影响。此外，初始浓度、纳米通道尺寸、体积电荷密度、场强、纳米通道数量、表面电荷密度和纳米通道几何形状已被证明对电动力学丰富度有显著影响。

由 EDL 重叠的排斥效应，负离子很难渗透到具有负 Zeta 电位的纳米多孔结构中，因此，这些负离子会聚集在微纳区的阴极。对于纳米孔，排斥效应受到纳米孔大小的影响。然而，对于给定区域中的大量纳米孔，排斥效应受到纳米孔尺寸和纳米孔数量的影响。纳米孔密度是每单位面积上的纳米孔数量，对于 EDL 排斥富集是重要的。Liu 和 Xu 研究组[25]利用聚丙烯酰胺凝胶塞揭示了纳米孔密度对电动离子富集的影响。采用显微机械加工技术和基于倒置显微镜区的光聚合反应，制作了带有聚丙烯酰胺凝胶塞的微流控芯片。利用该芯片，进行电动离子富集，并对纳米孔密度和电压对离子富集的影响进行详细讨论。为了研究非均匀密度的影响，采用了理论模型和数值算法。将聚丙烯酰胺凝胶塞集成到微通道中以形成微纳米流体芯片。该芯片在 300V 电压下，电动离子富集相对稳定，120s 内异硫氰酸荧光素的富集率可提高 600 倍，理论研究和实验均表明，通过提高纳米孔密度可以提高富集率。研究结果将有助于微纳流控芯片的设计。

## 6.4.6　用于驱动流体的高效微泵

随着微流控芯片在生物医学、环境科学和材料等领域展现出巨大的应用潜力[31, 32]，各种微流体驱动与控制技术应运而生，这些技术可将样本前处理和分离检测等多个步骤集成，进行连续化、自动化、微型化分析，在流体精确控制、样品需求少及反应迅速等方面具有优势[33]。用于驱动流体的高效微泵是这些芯片中最为关键的元件之一[34, 35]。其中，以电渗流（electroosmotic flow，EOF）为原理工作的电渗泵（electroosmotic pump，EOP）近年来受到越来越多的关注。

电渗流是由电场与带电表面离子扩散层之间相互作用产生的。在纳米材料、多孔介质、微通道及其他流体管道两端施加电压时，扩散层离子向带相反电荷的电极处迁移，导致通道内的流体通过黏性相互作用而运动[36]。电渗泵就是利用这个原理在微通道中产生液体流动，其优点在于没有移动部件，可以在紧凑的结构中产生恒定的无脉冲流量，且流量的大小和方向便于控制[37]。基于以上特性，电渗泵已被广泛应用到燃料电池中的水管理[38]、电子设备的冷却[39]及药物运输[40]等方面。高流速和低的操作电压是实现电渗泵紧凑设计和高效运行的关键性能要求[41, 42]。但是传统的电渗泵通常需要较高的驱动电压（几百伏到几千伏）才能实现微通道内的高流速[43]，这种高电压电渗泵需要庞大的外部电源设备，破坏了微流体芯片装置的易用性和可移植性，并且加剧了电渗泵的几个固有问题，包括电解气体的产生和焦耳热等[44, 45]。因此，低压电渗泵的研制成为近年来的研究热点。多孔膜因其孔隙率高、孔道弯曲度低和孔道长度短等优点被广泛用于低压电渗泵的制备。Snyder 等[41]证实利用超薄多孔材料制备电渗泵可降低工作电压，主要包括多孔硅、氧化铝、径迹刻蚀薄膜和碳纳米管膜等材料。其中，径迹刻蚀薄膜作为低压电渗泵的核心部件有许多优点：首先，径迹刻蚀纳米孔的尺寸、几何结构和密度均具有高度可调性，可以根据电渗泵的应用进行优化；其次，径迹刻蚀薄膜属于聚合物，可与多种高分子材料紧密黏合，集成于微流控芯片中。

以往对低压直流电渗泵的研究只测试了圆柱形孔和相对较大孔径（100～1000nm）的径迹刻蚀薄膜[37]。与圆柱形孔相比，锥形孔能够更好地聚焦纳米孔内的电场，进一步提高电场强度（等效于减小膜的有效厚度），从而提高流速；锥形孔引起的场聚焦确保了孔内扩散/耗尽区域的局限性，电渗泵性能更加稳定；由于泵送压力与孔径的平方成反比，小孔径也会产生更好的泵送压力性能[46, 47]。

2020 年，任芳玲等[48]开发了一种具有高流速、长期稳定的低压电渗微泵芯片。该泵由厚度约 12μm、具有高密度双锥纳米孔（孔径约 30nm）的径迹刻蚀薄膜制成。

该电渗微泵主要包括三部分，即电渗微通道、电极反应区（缓冲液上、下游储液区）和示液区（图 6.8）。电渗微通道是发生电渗流的功能区域，尺寸为 60mm×3mm×2mm，双锥纳米孔薄膜位于电渗微通道 25mm 处上游缓冲液的底部，通过电渗微通道与下游缓冲液相连，纳米孔薄膜大小约 2mm×2mm；电极反应区是建立在芯片上发生电解反应的区域，通过电渗微通道与双锥纳米孔薄膜相连，分别位于其上、下游；示液区是用于观察流速的蛇形微通道，尺寸为 100mm×1.5mm×1.5mm。

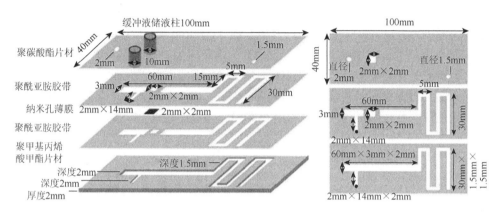

图 6.8　电渗微泵芯片设计示意图[48]

研究证实其可实现低驱动电压（约 10V）下的高电渗流，最大规范化流速约为 0.05mL/(min·cm²·V)，同时产生约 2.2kPa 的压力，微泵的高性能主要归因于双锥孔尖端区域的电场聚焦效应。另外，实验表明不同工作溶液体系下流速随外加电压的增加而线性增加，可以通过调控电压大小精确控制流速。在稳定性方面，微泵连续工作 3h，流速下降约 10%，不同微泵间流速差异小于 15%，同一微泵日间流速差异小于 10%，表明微泵具有较好的稳定性及重复性。

## 6.5　小　　结

本章主要从纳米孔的制造、工作原理和应用三方面介绍了纳米孔在微纳尺度操控的相关应用。目前的纳米孔大约有三种：嵌在脂质双层膜中的生物纳米孔、在固态基底上形成的纳米孔和杂化纳米孔。生物纳米孔的孔径大小无需进一步加工即可与大部分的其他重要生物分子的尺寸相互匹配，极端环境下的稳定性低。而人工固态纳米孔就可以很好地弥补生物纳米孔的缺点，可以根据实验的要求完成纳米级的精准调节，稳定性好。但这两种纳米孔在拥有先天优势的同时也有着很大的实验和应用限制，将这两种小孔相互结合，就可以很好地避开这两种纳米孔的缺点，从而适应于更宽泛的条件，也就是杂化纳米孔。它可以很好地应用在微流控、防火隔热、建筑保温、生物分析等领域，目前大多用于生物检测。随着纳米孔技术的不断发展，已经有多种纳米孔技术应用在分析检测领域，例如，利用离子电流对生物分子进行检测，使检测的灵敏度得到大幅度提升；利用电容检测法对生物分子通过纳米孔时引起孔内电容的变化进行检测；此外，固态纳米孔在小分子检测和辨识领域具有极大的发展潜力。

## 参 考 文 献

[1] Howorka S，Siwy Z. Nanopore analytics：Sensing of single molecules[J]. Chemical Society Reviews，2009，38（8）：2360-2384.

[2] Gu L，Shim J W. Single molecule sensing by nanopores and nanopore devices[J]. Analyst，2010，135（3）：441-451.

[3] Song L，Hobaugh M R，Shustak C，et al. Structure of staphylococcal α-hemolysin，a heptameric transmembrane pore[J]. Science，1996，274（5294）：1859-1866.

[4] Nguyen，M M，Gianneschi，N C，Christman，K L. Developing injectable nanomaterials to repair the heart[J]. Current Opinion in Biotechnology，2015，34：225-231.

[5] Ayub M，Bayley H. Engineered transmembrane pores[J]. Current Opinion in Chemical Biology，2016，34：117-126.

[6] Hall A R，Scott A，Rotem D，et al. Hybrid pore formation by directed insertion of α-haemolysin into solid-state nanopores[J]. Nature Nanotechnology，2010，5（12）：874-877.

[7] Miles B N，Ivanov A P，Wilson K A，et al. Single molecule sensing with solid-state nanopores：Novel materials，methods，and applications[J]. Chemical Society Reviews，2013，42（1）：15-28.

[8] Hladky S B，Haydon D A. Discreteness of conductance change in bimolecular lipid membranes in the presence of certain antibiotics[J]. Nature，1970，225（5231）：451-453.

[9] Unwin N. The structure of ion channels in membranes of excitable cells[J]. Neuron，1989，3（6）：665-676.

[10] Hou X，Guo W，Jiang L. Biomimetic smart nanopores and nanochannels[J]. Chemical Society Reviews，2011，40（5）：2385-2401.

[11] Ayub M，Ivanov A，Hong J，et al. Precise electrochemical fabrication of sub-20nm solid-state nanopores for single-molecule biosensing[J]. Journal of Physics Condensed Matter，2010，22（45）：454128.

[12] Kovarik M L，Jacobson S C. Integrated nanopore/microchannel devices for ac electrokinetic trapping of particles[J]. Analytical Chemistry，2008，80（3）：657-664.

[13] Di Paola R，Savino R，Mirabile Gattia D，et al. Self-rewetting carbon nanofluid as working fluid for space and terrestrial heat pipes[J]. Journal of Nanoparticle Research：An Interdisciplinary Forum for Nanoscale Science and Technology，2011，13（11）：6207-6216.

[14] Burkholder J，Libra B，Weyer P，et al. Impacts of waste from concentrated animal feeding operations on water quality[J]. Environmental Health Perspectives，2006，115（2）：308-312.

[15] Russo C J，Golovchenko J A. Atom-by-atom nucleation and growth of graphene nanopores[J]. Proceedings of the National Academy of Sciences，2012，109（16）：5953-5957.

[16] Zhou K，Kovarik M L，Jacobson S C. Surface-charge induced ion depletion and sample stacking near single nanopores in microfluidic devices[J]. Journal of the American Chemical Society，2008，130（27）：8614-8616.

[17] Orelovich O L, Sartowska B A, Presz A, et al. Analysis of channel shapes in track membranes by scanning electron microscopy[J]. Journal of Microscopy, 2010, 237 (3): 404-406.

[18] Jian H, Cong L, Yanqing L, et al. Enhancement DC Breakdown and Thermal Property of Insulation Pressboard by Deposition Al$_2$O$_3$/PTFE Nano-Structure Functional Film[C]. ICHVE 2018-2018 IEEE International Conference on High Voltage Engineering and Application. 2019.

[19] Song Y J, Lu Y H, Cao L Q, et al. Research on fire performance of expanded perlite-rigid foam polyurethane composite thermal insulation material[J]. Building Science, 2015, 31 (1): 81-85.

[20] Pacheco-Torgal F, Jalali S. Nanotechnology: Advantages and drawbacks in the field of construction and building materials[J]. Construction & Building Materials, 2011, 25 (2): 582-590.

[21] Thorne-Banda H, Miller T. Aerogel by cabot corporation: Versatile properties for many applications[M]//Aegerter M A, Leventis N, Koebel M M. Aerogels Handbook. New York: Springer, 2011: 847-856.

[22] Nielsen J B, Hanson R L, Almughamsi H M, et al. Microfluidics: Innovations in materials and their fabrication and functionalization[J]. Analytical Chemistry, 2020, 92 (1): 150-168.

[23] Lin Y, Ning G, Ye J, et al. Synthesis and characterization of a new framework cobalt phosphate with one-dimensional channel, Co$_3$(H$_2$O)$_4$(PO$_4$)$_2$[J]. Zeitschrift für Anorganische und Allgemeine Chemie, 2008, 634 (6-7): 1145-1148.

[24] Beck A, Obst F, Busek M, et al. Hydrogel patterns in microfluidic devices by do-it-yourself UV-photolithography suitable for very large-scale integration[J]. Micromachines, 2020, 11 (5): 479.

[25] Wang J, Xu Z, Li Y, et al. Nanopore density effect of polyacrylamide gel plug on electrokinetic ion enrichment in a micro-nanofluidic chip[J]. Applied Physics Letters, 2013, 103 (4): 43103.

[26] Lee J H, Han J. Concentration-enhanced rapid detection of human chorionic gonadotropin as a tumor marker using a nanofluidic preconcentrator[J]. Microfluidics and Nanofluidics, 2010, 9 (4-5): 973-979.

[27] Rubinshtein I, Zaltzman B, Pretz J, et al. Experimental verification of the electroosmotic mechanism of overlimiting conductance through a cation exchange electrodialysis membrane[J]. Russian Journal of Electrochemistry, 2002, 38 (8): 853-863.

[28] Rahmawan Y, Kim T, Kim S J, et al. Surface energy tunable nanohairy dry adhesive by broad ion beam irradiation[J]. Soft Matter, 2012, 8 (5): 1673-1680.

[29] Liao K, Chou C. Nanoscale molecular traps and dams for ultrafast protein enrichment in high-conductivity buffers[J]. Journal of the American Chemical Society, 2012, 134 (21): 8742-8745.

[30] Wang J Y, Xu Z, Liu C, et al. Effects of electrophoresis and electroosmotic flow on ion enrichment in micro-nanofluidic preconcentrator[J]. Microsystem Technologies: Sensors, Actuators, Systems Integration, 2012, 18 (1): 97-102.

[31] Huang C, Lee G. A microfluidic system for automatic cell culture[J]. Journal of Micromechanics and Microengineering, 2007, 17 (7): 1266-1274.

[32] Portillo-Lara R, Annabi N. Microengineered cancer-on-a-chip platforms to study the metastatic microenvironment[J]. Lab on a Chip, 2016, 16 (21): 463-481.

[33] Braak C J F T, Prentice I C. Prentice a theory of gradient analysis-sciencedirect[J]. Advances in Ecological Research, 2004, 34: 235-282.

[34] Han J Y, Rahmanian O D, Kendall E L, et al. Screw-actuated displacement micropumps for thermoplastic microfluidics[J]. Lab on a Chip, 2016, 16 (20): 3940-3946.

[35] Wang C, Seo S, Kim J, et al. Intravitreal implantable magnetic micropump for on-demand VEGFR-targeted drug

delivery[J]. Journal of Controlled Release，2018，283：105-112.

[36] Hossan M R，Dutta D，Islam N，et al. Review：Electric field driven pumping in microfluidic device[J]. Electrophoresis，2018，39（5-6）：702-731.

[37] Li L，Wang X，Pu Q，et al. Advancement of electroosmotic pump in microflow analysis：A review[J]. Analytica Chimica Acta，2019，1060：1-16.

[38] Kwon K，Kim D. Efficient water recirculation for portable direct methanol fuel cells using electroosmotic pumps[J]. Journal of Power Sources，2013，221：172-176.

[39] Berrouche Y，Avenas Y. Power electronics cooling of 100 W/cm$^2$ using AC electroosmotic pump[J]. IEEE Transactions on Power Electronics，2014，29（1）：449-451.

[40] Litster S，Suss M E，Santiago J G. A two-liquid electroosmotic pump using low applied voltage and power[J]. Sensors and Actuators A：Physical，2010，163（1）：311-314.

[41] Snyder J L，Getpreecharsawas J，Fang D Z，et al. High-performance，low-voltage electroosmotic pumps with molecularly thin silicon nanomembranes[J]. Proceedings of the National Academy of Sciences，2013，110（46）：18425-18430.

[42] Heuck F C A，Staufer U. Low voltage electroosmotic pump for high density integration into microfabricated fluidic systems[J]. Microfluidics and Nanofluidics，2011，10（6）：1317-1332.

[43] Jiang L，Mikkelsen J，Koo J，et al. Closed-loop electroosmotic microchannel cooling system for VLSI circuits[J]. IEEE Transactions on Components and Packaging Technologies，2002，25（3）：347-355.

[44] Sreenath S，Suman R，Sayana K V，et al. Low-voltage nongassing electroosmotic pump and infusion device with polyoxometalate-encapsulated carbon nanotubes[J]. Langmuir，2021，37（4）：1563-1570.

[45] Sieuw L，Ernould B，Gohy J，et al. On the improved electrochemistry of hybrid conducting-redox polymer electrodes[J]. Scientific Reports，2017，7（1）：4847-4849.

[46] Wang C，Wang L，Zhu X，et al. Low-voltage electroosmotic pumps fabricated from track-etched polymer membranes[J]. Lab on a Chip，2012，12（9）：1710-1716.

[47] 张馨尹，傅云霞，李强，等. 基于粒子群-神经网络算法的纳米薄膜参数表征[J]. 微纳电子技术，2020，（3）：237-242.

[48] 任芳玲，陈琴华，武伦，等. 基于双锥纳米多孔薄膜的高性能电渗微泵[J]. 微纳电子技术，2020，57（9）：727-734.

# 第 7 章　纳　米　颗　粒

纳米材料指的是至少有一维在三维空间中处于纳米尺寸（1～100nm）的材料，或是由它们作为基本单元组成的材料，以贵金属[金（Au）]纳米粒子和量子点为代表的纳米颗粒是纳米材料中很重要的一类。纳米颗粒具有量子尺寸效应（或小尺寸效应）、介电限域效应、宏观量子隧道效应、表面等离子共振特性、表面效应等多种特性。因此纳米颗粒和量子点在生物传感、细胞成像、药物传递和肿瘤治疗等生物医学领域的应用中展现出了巨大的前景。本章介绍了纳米颗粒与量子点的特性、制备方法以及在各个领域的应用。

## 7.1　概　　述

2008 年，国际标准化组织（ISO）将纳米颗粒定义为三个笛卡儿尺寸都小于100nm 的离散纳米物体。ISO 标准类似地定义了二维纳米对象（即纳米盘和纳米板）和一维纳米对象（即纳米纤维和纳米管）。但根据 2011 年欧盟委员会的定义[1]，纳米物体（图 7.1）只需要其特征尺寸中的一个在 1～100nm 范围内就可以被归类为纳米颗粒，即使它的其他尺寸超出了这个范围（使用 1nm 的下限是因为原子键长度达到 0.1nm）。

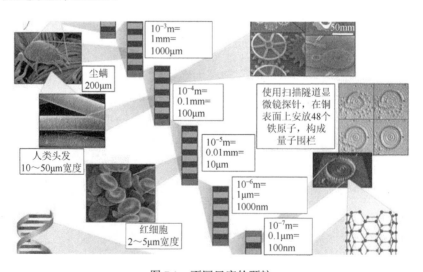

图 7.1　不同尺度的颗粒

### 7.1.1　纳米颗粒的性质

纳米颗粒有着很多不同于其他材料的物理性质，如小尺寸效应、表面效应，也具有良好的表面靶向性、化学稳定性、光效应特性，同时其在生物方面有独特的靶向性及催化性能。

1. 小尺寸效应

纳米颗粒的小尺寸所引起的宏观物理性质的变化称为小尺寸效应[2]。当纳米材料中的微粒尺寸小到与光波波长或德布罗意波长、超导态的相干长度等物理特征相当或更小时，晶体周期性的边界条件被破坏，非晶态纳米微粒的颗粒表面层附近原子密度减小，使得材料的声、光、电、磁、热、力学等特性表现出改变而导致出现新的特性。

特别地，如果微粒尺寸是德布罗意波长（由于电子的跃迁）量级（通常是小于 5nm），会发生量子尺寸效应。金属费米能级附近的电子能级由准连续变为离散，纳米半导体微粒存在不连续的最高分子轨道能级和最低空轨道能级，使能隙变宽，纳米半导体材料相较于块体半导体材料而言，禁带宽度 $E_g$ 增大。换言之，该效应指的是材料的纳米化可能会使导体变为绝缘体[3]。

2. 表面效应

表面效应又称界面效应，是指纳米颗粒粒径减小时表面原子数占总原子数的比重会明显增大，导致其性质发生改变。物体表面上的原子周围缺少相邻原子而产生许多悬空键，这使得它容易结合其他原子来保持稳定。粒子的直径大小接近于原子直径的过程中，表面原子占总原子数的比重会急剧增大。由于表面原子数增多，原子配位不足及高的表面能，使这些表面原子具有高的活性，极不稳定，很容易与其他原子结合。其对物质性质的影响就显得非常明显，使纳米材料具备极大的化学活性[4]。例如，金属的纳米粒子在空气中会燃烧；无机的纳米粒子暴露在空气中会吸附气体，并与气体进行反应。

3. 宏观量子隧道效应

量子隧道效应指微粒具有贯穿势垒的能力，是基本的量子现象之一。虽然纳米颗粒的总能量小于势垒高度，但它仍可以穿越该势垒，这种微观粒子穿越高于宏观系统势阱而产生变化的现象，称为宏观量子隧道效应[5, 6]。纳米镍在低温下依然可以保持超顺磁性就是因为宏观量子隧道效应。纳米颗粒的这种宏观量子隧道效应以及量子尺寸效应可突破微电子器件的微型化极限，势必为未来微电子器件的设计奠定基础[3]。

### 4. 介电限域效应

介电限域是指纳米颗粒分散在异质介质中由于界面引起的体系介电增强的现象，这种介电增强通常称为介电限域。介电限域效应主要来源于颗粒表面和颗粒内部局域场的增强。当介质的折射率与颗粒的折射率相差很大时，产生折射率边界，从而导致颗粒表面和内部的场强比入射场强明显增加，这种局域场的增强称为介电限域。例如，纳米材料半导体表面修饰介电常数较小的介质时，在特定入射光的照射下更容易穿透这层介电常数较小的包覆物而使它的光学性质发生显著变化。

此外，纳米颗粒具有巨大的比表面积，可用于提供配体的结合位点；纳米颗粒在自由状态下表现出高度的流动性。

接下来将介绍纳米颗粒中的两种：金纳米颗粒和量子点。

## 7.1.2　金纳米颗粒独有的特性

金纳米颗粒（gold nanoparticles，GNPs）不同于金属颗粒，较大的金颗粒是黄色惰性固体，而 GNPs 是一种具有抗氧化特性的酒红色物质。GNPs 的尺寸从 1nm 到 8μm 不等，同时还表现出亚八面体、球形、八面体、二十面体、十面体、多重缠绕、四面体、不规则形状、纳米三角形、六边形薄片、纳米棒和纳米棱柱等不同形态。

相比于普通的纳米颗粒，金纳米颗粒有一些更优异的特性。

### 1. 良好的表面靶向性

贵金属表面本身具有良好的靶向性，高比表面积的金纳米颗粒表面可以偶联不同的且相当数量级的小分子，如药物、靶向分子等[7]，因此，金纳米颗粒能广泛应用于生物化学及病理治疗的研究领域。

### 2. 化学稳定性较高

较之于其他高活性材料，贵金属在纳米尺度下具有更好的化学稳定性，其优异的化学稳定性也有利于材料的长时间存放，正因为显现出这样一种稳定的特质，多数的纳米器件设计者会在金属成分选择上选择贵金属材料，尤其是金纳米材料[8]。

3. 优良的光响应特性

当光线入射到金纳米颗粒上时，如果入射光频率与金纳米颗粒传导电子的整体振动频率相匹配时，金纳米颗粒会大幅吸收光子能量，发生局域表面等离激元共振（localized surface plasmon resonances，LSPRs），这时会在光谱上出现一个强的共振吸收峰。

贵金属纳米颗粒拥有相当大的消光截面，局域场强度可获得几十甚至上百倍的增强效应，这使其在表面增强荧光效应（SEF）、表面增强拉曼散射（SERS）或激光产生等方面都具有极其重要的应用价值。LSPRs 效应对贵金属纳米材料的结构、形状、大小等影响因素表现出非常敏感的特性，这让我们可以控制 LSPRs 至紫外至近红外光谱区域。例如，针对某些分子所独具的拉曼光谱响应峰，如果有 GNPs 的存在则会显著增强，从而可以利用 GNPs 作为 SERS 衬底来检测农药的残留分子[9]。

4. 独特的生物靶向性

以金纳米材料为例，GNPs 表面存在的 LSPRs 使其粒子可以吸收红外光从而实现光热转换，当纳米颗粒置于癌细胞内而受到外界激发红外光照射时，则可以迅速产生局部高热量，如果该条件下产生的热量值大于癌细胞所能承受的生命临界温度值时，便可杀死癌细胞，这就是光热疗法。GNPs 通过探测某些生物标记可以用于诊断心脏疾病、癌症、传染病源等[10]。

5. 优越的催化性能

催化应用是 GNPs 重要应用领域之一。20 世纪 70 年代后期，美国医药公司 Upjohn 成功利用 Au 的活化作用还原一氧化碳，为 GNPs 打开了在催化氧化应用领域的大门。Au 作为贵金属材料，具备较高的化学稳定性，其催化活性与选择性依赖于 GNPs 的尺寸与形貌。进一步研究表明高催化活性的 GNPs 是由于金原子的反应域与所吸附的中间产物的电子态发生电子共振从而促进电子的转移[10]。

## 7.1.3　量子点简介及分类

量子点（QDs）是半导体纳米粒子，它的尺寸非常小，通常在 1.5～10.0nm 之间，在 1980 年第一次被报道[11]。量子点的性质，介于宏观半导体和离散分子之间，其独特性质一部分是由于这些粒子具有异常高的比表面积[12-14]。最明显的结果是荧光性，也就是纳米晶体可以产生由颗粒尺寸所确定的独特颜色。

　　由于其尺寸非常小，量子点中的电子被限制在一个非常小的空间（量子箱）中，当半导体纳米晶体的半径小于激子玻尔半径（激子玻尔半径是导带中的电子和它在价带中留下的空穴之间的平均距离）时，根据泡利的排斥原理，能量水平发生量子化（图 7.2）[15]。量子点的离散量子化能级使它们相比于宏观材料而言，会更偏向原子，这也正是量子点称为"人造原子"的原因。通常，随着晶体尺寸的减小，最高价带与最低导带之间的能量差增大。然后需要更多的能量来激发量子点，同时，当晶体返回到基态时会释放出更多的能量，导致发射光的颜色从红色变为蓝色。借助这种现象，可以简单地通过改变量子点的大小，从而使得相同的一种材料发射出任何颜色的光。另外，由于所制备的纳米晶体尺寸高度可控，因此量子点可以在制造过程中经调控发射任何颜色的光[16]。

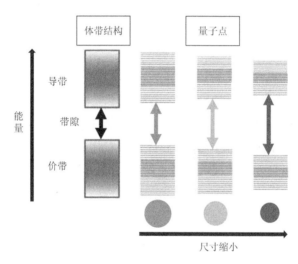

图 7.2　由于量子限域效应，量子点中的能级发生分裂，半导体带隙随着纳米晶体尺寸的减小而增加

　　量子点可以根据其组成和结构的不同分为不同的类型。

### 1. 核型量子点

　　量子点可以是一种具有均匀内部组成的单组分材料，如镉、铅或锌等金属的硫族化合物（硒化物、硫化物、碲化物等）。可以通过改变微晶尺寸来对核型纳米晶体的光电性质和电致发光性质进行微调。

### 2. 核壳量子点

　　量子点的发光性是由电子-空穴对（激子衰变）通过辐射发生复合而产生的。

然而，激子衰变也可能通过非辐射发生，导致荧光量子产率降低。用于提高半导体纳米晶体的效率和亮度的方法之一是在其周围长出另外一种具有较高带隙的半导体材料的壳。这些由小区域内的一种材料嵌入具有较宽带隙的另一种材料所形成的量子点称为核-壳量子点（CSQD）或核-壳半导体纳米晶体（CSSNC）。用壳涂覆量子点可以通过钝化非辐射复合位点来提高量子产率，也使得其在各种应用的处理条件下表现出更强的鲁棒性。作为调整量子点的光物理性质的一种方法，该方法已得到了广泛研究[17]。

### 3. 合金量子点

可以通过改变微晶尺寸来调节光学和电子性质这一性能已经成为了量子点的标志。但是，通过改变微晶尺寸来调整性质这一方法可能会在许多尺寸有限制的应用中引起问题。多组分量子点提供了另一种调整性能而不改变微晶尺寸的方法。具有均质以及渐变内部结构的合金半导体量子点可以通过仅改变组成和内部结构，不改变微晶尺寸来调整光学和电子性质。例如，通过改变组成（图7.3），直径为 6nm 的复合 $CdS_xSe_{1-x}/ZnS$ 合金量子点就可以发射不同波长的光。通过将具有不同带隙能量的两种半导体以合金的形式组合在一起，得到了合金半导体量子点，它们的各种性质既不同于它们对应的宏观材料的性质，也不同于母体半导体的性质，这一点令人非常感兴趣。因此，除了由于量子限域效应而出现的性质之外，合金纳米晶体还具有一系列新的附加组成-可控性质。

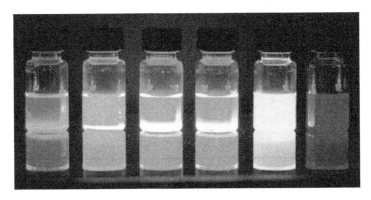

图 7.3　6nm 直径合金 $CdS_xSe_{1-x}/ZnS$ 量子点的光致发光性。通过调整组成，材料会发出不同颜色的光

按照用于制作的材料的元素的不同，量子点又可分为Ⅱ-Ⅵ族（CdS、CdSe、CdTe、ZnO、ZnS、ZnSe、ZnTe）、Ⅲ-Ⅴ族（InN、InP、InAs、InSb、GaN、GaP、GaAs、GaSb）[18,19]、Ⅳ-Ⅵ族（PbS、PbSe、PbTe）和Ⅳ族（Si）[20]。

# 7.2　金属纳米颗粒的合成制备

纳米颗粒在介观尺度下具有独特的性质，因此其在生物化学、光电器件、靶向治疗等领域应用广泛。而其中贵金属纳米颗粒（金纳米颗粒）又兼具大多数分子材料所不具备的催化及生物特性，故贵金属纳米颗粒的合成制备广受关注。

## 7.2.1　纳米颗粒制备背景

### 1. 传统制备法

金纳米粒子的传统合成方法有化学还原法、电化学法、微乳液法、模板法和光诱导法[21]等多种。其中化学还原法，由于具有制备简单、快捷，容易获得大量纳米粒子，并在粒度分布、单分散性及形貌方面相应可控的优点，是制备纳米颗粒中运用最多的方法。化学还原法一般是在液相环境中，通过外加保护剂或分散剂以防止粒子团聚，在此基础上进行对贵金属化合物的还原制备从而得到贵金属纳米颗粒。

近年来，绿色合成方法由于成本低、无毒环保且合成的纳米粒子具有良好的稳定性，逐渐成为人们关注的热点。Liu 等[22]以印度褐海藻水溶性提取物为金属离子源，高分子聚合物 PVP 作为表面活性剂，利用卤虫细胞的催化活性，一步法合成粒径在 5～50nm 的 Pt NPs，合成过程简单有效。其不仅解决了由于传统化学方法引入的有毒、有害有机溶剂所带来的环境保护性较差的问题，同时也大大改善了反应环境，使反应条件更加温和。

### 2. 传统制备法的局限

传统的纳米颗粒化学制备法虽然能保证颗粒形貌和单分散性，但其制备过程限制及影响因素过多。传统制备法单次产量仅为几十毫克，且单次实验与单次实验间隔周期较长，大大降低了纳米颗粒基于市场需求的经济效应，也仅仅属于实验室小规模产量。诸如物理、化学法在内的传统制备方法也存在着如下缺点。

（1）制备效率低：传统化学制备方法存在的人为误差难以避免，实验周期长等问题极大限制纳米颗粒的产量从小型实验室转化为市场应用的进程。

（2）制备产量少：传统制备法单次产量仅为几十毫克，而面对日益增长的市场需求，如此少的产量远远不能够满足。

（3）集成化程度低：传统反应釜的系统装置拆塔困难、构型复杂，极易受综合性复杂环境的影响，很难做到集成化。

以上局限性都会影响纳米颗粒的应用前景，降低纳米技术对当代社会的覆盖率和影响力。而随着微流控技术的发展、微加工工艺的提升，利用微流控技术制备纳米颗粒已广受关注。

## 7.2.2　纳米颗粒微流控制备

微流体和纳米流体技术是当今迅速发展的学科，它首先可以制备具有可控尺寸和几何形状的纳米粒子，其次可以通过更好地控制精细化学反应与不同试剂的接触时间来控制催化性能。微流控系统提供了一种改进反应参数控制和重现性的解决方案，这是由于表面积与体积比增加，传热和混合速度加快。这项工作的第一部分涉及金纳米粒子的制备，并对微流体系统中的经典批处理程序进行比较和调换。

由于传统制备法存在诸多缺陷，而纳米颗粒的需求日益增加，探寻新的纳米颗粒的制备方法迫在眉睫，利用微流控技术对制备过程中的参数进行精准控制，从而产生高效足量的反应物的方法已广受关注。甚至将贵金属合成制法集成在微流控芯片中的实验也在不断尝试。目前已有利用微流体合成法成功制备出金、银、金银合金、铂、钯等贵金属纳米颗粒的例子。

### 1. 微流控制备原理

纳米颗粒的合成过程受许多反应过程的关键因素影响，诸如实际反应温度、反应时间（微流控系统内液相的总流量）、流量比（微流控系统中各液路液相间的不同流量比）、源反应物质间的摩尔浓度比（Au 源和还原剂）、表面活性剂（包覆剂）浓度等，又受到许多反应过程变化参数的影响。利用微流控技术制备贵金属纳米颗粒，即通过设计合适的微通道结合传统制备方法，改变通道内的热和质量传输来操控合成反应过程中的一系列影响因子，以达到精确可控，最终得到特定尺寸、形貌的纳米颗粒用于后续使用。在多种传统制备方法中，一步一相还原法和绿色合成法是最常引入到微流控系统装置中的制备方法，其自动装置化适应性好，植入微流控系统成功率高。

化学还原法一般是在液相条件下进行的，通过还原剂对前驱体（金属化合物）还原得到纳米颗粒，同时会加入表面活性剂对合成过程进行控制，防止发生团聚。

单金属纳米颗粒的形成过程主要分为三个阶段，如图 7.4 所示。随着反应的进行，前驱体（如四氯金酸）被还原剂（如柠檬酸钠或葡萄糖等）还原生成的原子浓度不断升高（阶段 Ⅰ）；原子浓度大于最小晶核浓度 $C_{\min}$（临界超饱和度）时，晶核便开始生成（阶段Ⅱ），但原子浓度达到最大晶核浓度 $C_{max}$ 时，容易导致晶核团聚而形成外貌不规整的纳米粒子，这就需要表面活性剂的控制；随着体系中晶核的生成，原子浓度不断降低，当体系中原子浓度重新下降到最小晶核浓度 $C_{min}$（临界超饱和度）时，晶核不再生成而进入晶核成长阶段（阶段Ⅲ）；晶核不断吸附溶液中新生成的原子，使粒径不断增大，在消耗完体系中的贵金属离子后，纳米颗粒不再成长，合成至此结束，见图7.5。

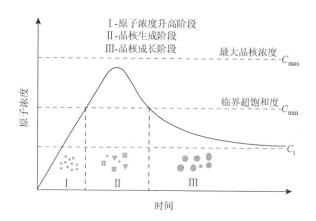

图 7.4　单金属纳米颗粒化学还原过程中原子浓度与时间关系

图 7.5　单金属纳米颗粒形成过程

**2. 单分散金纳米粒子微流控制备实验**

**1）实验步骤**

（1）搭建实验平台：基于该金纳米颗粒的化学还原前期制备方法及反应过程，设计并构建微反应系统。

（2）配制反应溶液：配制前驱液 A、前驱液 B。

（3）微流控芯片测试：将微流控芯片通入去离子水 2min，去除微泵和微流控通道中所有的气泡，并清洗微流控芯片。调节微泵稳定性调控装置使各个入口流量一致。

（4）合成实验：通过调控微流控系统内的可控性参数（流量、流量比、后期的实际反应温度等）实现纳米颗粒的连续可控批量化制备，以前、中、后时段三种不同的流量，将转移至玻璃瓶中的前驱液 A、B 连续通入微流控芯片进行混合反应，并在相对应的时期分别收集对应流量的金纳米颗粒原液。

2）微流控通道设计

对于微流控通道的设计，研究人员给出了许多解决方案，针对不同溶液、不同反应条件设计了相应的可实操的微流控通道。

如图 7.6（a）所示，该微流控器件通过标准光刻工艺制造[23]，整体尺寸为 3cm×5cm，通道宽度和深度分别是 600μm 和 95μm，通道总容量为 7.6μL。具体实验流程是在两种试剂流（HAuCl$_4$ 和 BIMM-BF$_4$ 中的 NaBH$_4$）之间注入纯 BIMM-BF$_4$，以确保不同试剂仅通过层流的扩散作用相混合。该纯 BIMM-BF$_4$ 流和两种试剂流分别从入口 I、II 和III以 5：9：9 的流速比通过注射泵注入。一种惰性聚三氟氯乙烯油通过入口 V 引入，流速为 2070μL/h 或 7000μL/h。这些惰性油的流速定义了两种流动状态：在较低流速时，中央 IL 流保持连续，而在较高流速时，IL 流破裂成液滴（在惰性油流速约 3000μL/h 时，两种流动状态之间发生转变）。从出口IV连续收集反应产物，并将其淬火/沉淀到含乙醇的储存器中。

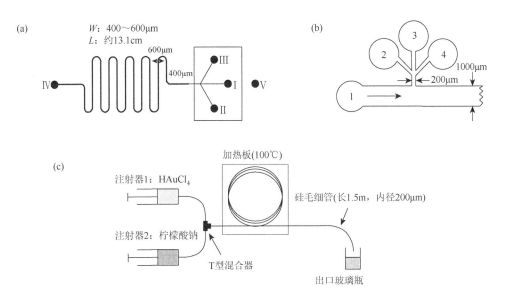

图 7.6 用于制造单分散纳米颗粒的微流控装置示意图

如图 7.6（b）所示，对多入口 T 型结装置中两互不相溶的液滴流动进行了表征，以确定合成单分散纳米粒子的最佳操作条件[24]。分别通过入口 2 和入口 4 注入金属盐前驱体和还原剂的离子液体溶液。为了防止液滴形成之前试剂流之间的扩散混合，通过入口 3 在两种试剂流之间注入纯的 BIMM-Tf$_2$N 流。一旦在分散相与非混溶油的交叉处形成液滴，就可以形成对流混合。

如图 7.6（c）所示，用于制备金纳米颗粒的微流控装置由两个注射器组成[25]，其中包含由注射泵驱动的反应物溶液。注射器的出口连接到一个 T 型混合器，即一种熔融硅毛细管（长度为 1.5m，内径为 200μm）连接到 T 型混合器的出口，充当反应釜。毛细管由调节的热板加热。为了在这个微反应器中制备金纳米颗粒，一个注射器填充 $HAuCl_4$ 溶液（$5.4\times10^{-3}$mol/L），另一个注射器注入柠檬酸钠溶液（0.5g/100mL 水）。

# 7.3　量子点合成

在过去的 20 年里，量子点（QDs）作为创新材料出现，并在纳米技术和纳米尺度科学中获得重要地位。量子点对于照明、显示和生物医学设备的应用是迫切需要的，因此大规模合成高质量的量子点用于商业应用广受关注。而传统间歇式反应器系统存在许多问题，如不适当的混合、加热和试剂添加等，在这类系统中，很难控制纳米晶体的生长和尺寸。随着微制造工艺的发展，许多微流控技术已被开发出来，使半导体胶体量子点合成成为可能。本节对利用微流控技术合成四类量子点的方法以及量子点的表征技术进行介绍。

## 7.3.1　量子点制备背景

自从 1985 年 Reed 等通过光刻蚀的方法第一次成功制备出了半导体量子点，随着制备工艺的不断发展和完善，量子点的制备方法越来越多[26]。研究至今，出现了两种重要的合成方法，即气相外延生长法和液相法来制备不同类型的量子点。气相外延生长方法已成功地合成了尺寸可调量子点。然而，这一技术也有显著的缺点，如难以将产品与基板分离和使用复杂的仪器，阻碍了该技术的持续使用。

液相法涉及一系列化学反应，可以产生高度分散且能量要求低的胶体量子点。液相合成法可进一步分为生物合成法、非注射金属有机合成法、热注射金属有机合成法和水合成法。与外延生长技术相比，这些方法有以下优点：①控制量子点的形状、大小和框架；②通过配体交换修饰量子点的功能和溶解度；③溶剂可加工性加速了经济沉积技术和器件的制造。然而，液相合成方法的缺点，如前驱体混合、加热、冷却缓慢，以及生产率低、重现性差等，限制了量子点的大规模合成。而结合微流控技术可以很好地避免这些缺点并实现大规模合成。

根据量子点的元素组成，量子点可以分为四种主要类型[22]，即 II-VI 族（如 CdSe、CdS、CdTe 和 ZnSe）、III-V 族（如 InP 和 InAs）、I-III-VI 族（如 CuInS$_2$）以及钙钛矿（如 CsPbX$_3$，其中 X = Cl、Br、I）。

## 7.3.2 微流控合成量子点原理

胶体量子点的合成非常困难，因为化学反应对实验条件有很高的响应性，如反应温度、动力学和腐蚀性。目前，微流控合成胶体量子点是一种比传统的批量合成技术更有发展前景的技术。微流控合成的好处如下：①高效混合；②高传热传质；③高比面体积比；④温度控制；⑤连续生产；⑥强调低试剂消耗。因此，微流控合成是一种理想的大规模生产技术。

Edel 和 Fortt 于 2002 年首次报道了基于微流控系统的胶体量子点的制备。微流控反应器有两大类：毛细管反应器和芯片反应器。毛细管反应器的结构并不复杂，使用流体简单制造工艺通过连接适当长度的管道就可实现。芯片反应器系统可以使用玻璃、塑料或硅衬底，通过三种主要技术（湿法刻蚀、软光刻和微加工）来制造。例如，涉及试剂添加、混合、加热和冷却组件的多种化学过程可以集成到一个单片的、占地面积小的设备中。

微流控反应器也可以分为单相反应器和两相反应器[图 7.7（a）和（b）][27]。单相反应器提供了合成的灵活性，可以承受高流量。更重要的是，单相反应器允许在多步反应中注入额外的试剂，并促进更复杂结构的形成[图 7.7（c）][28]。然而，两个主要的问题影响了单相微流控反应器系统的性能：沿通道截面的抛物型速度分布和流动液体与内壁的相互作用，这产生了停留时间分布并降低了反应器的寿命。为了避免这些问题，提出了两相反应器，同时使用了额外的不混相流体/气体，从而消除了污垢，延长了反应器的使用寿命。在注入非混相气体或液体的过程中，会产生离散的"液滴"或"段塞"。液滴流动系统减少分散，并防止与通道壁接触。注射泵、混合器、在线吸光度检测器和 PL 模块是微流控系统的主要组成部分。注射泵体积小，用于注入液体。

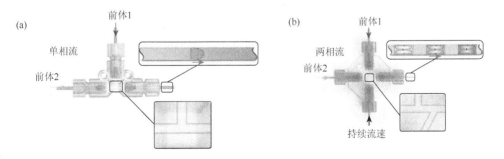

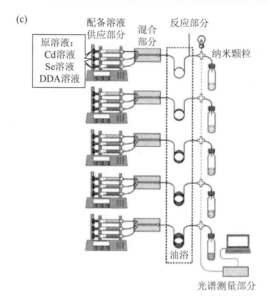

图 7.7　单相、两相反应器示意图

### 7.3.3　微流控合成量子点实验

#### 1. Ⅱ-Ⅵ型 Cd 量子点的微流控合成

Cd 系列量子点是微流控合成中首先要研究的一类量子点。2010 年，Nakamura 等首次报道了以 $Cd(CH_3COO)_2$ 为 Cd 前驱体，在微流控反应器中制备 CdSe 纳米晶体[29, 30]。该报道使用注射泵将反应溶液泵入油浴加热的硅玻璃毛细管中，与 CdSe 纳米颗粒反应，如图 7.8（a）所示。该系统可以很容易地达到所需的温度来控制颗粒直径，并使所需产品可重复制备。有趣的是，在粒径为 2～4.5nm 的情况下，合成产物的吸光度峰在 450～600nm 之间变化。

Yen 等研究了如图 7.8（b）所示的芯片型微流控反应器[30]。在这项工作中，作者使用气体作为缓冲层来分离前驱液滴。该反应器缩短了反应时间来控制产生的 CdSe 量子点的粒度，而单相装置需要较长的反应时间。在单相流动中，停留时间分布与流量有关。相反，在分段情况下停留时间分布没有如此强的流量依赖性。因此，在基于液滴的芯片型微反应器中，反应时间缩短了。

#### 2. Ⅲ-Ⅴ型量子点的微流控合成

Ⅲ-Ⅴ类材料被认为是基于 Cd 的量子点的潜在替代品，因为其毒性较低[31]。Nightingale 等在 2009 年首次报道了 InP 量子点的微流控合成[32]。在该报道中，使用了两种装置，即单毛细管和 Y 型微流控装置（图 7.9）来合成 InP 量子点[32]。

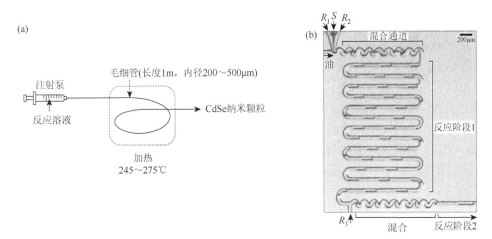

图 7.8 两相反应器

在单毛细管装置中，预混合的前体溶液由哈佛 PHD 2000 注射器泵驱动的单注射器注射到浸入油浴的玻璃毛细管中加热溶液。该设备集成了一个连接 355nm 二极管泵浦 HeCd 激光器和 CCD 光纤光谱仪的玻璃流池，以监测产品形成。这种装置的缺点是它的等容流。前驱体的浓度无法控制或改变，无法合成出高质量的量子点。因此，设计了一个两进一出的 Y 型微流控芯片反应器（约 300℃），以实现铟和磷浓度的变化。

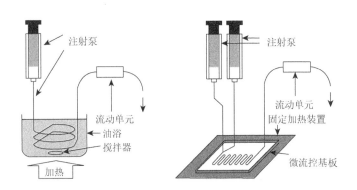

图 7.9 单毛细管和 Y 型微流控装置

### 3. Ⅰ-Ⅲ-Ⅵ型量子点的微流控合成

与基于Ⅲ-Ⅴ族元素的量子点类似，Ⅰ-Ⅲ-Ⅵ族量子点因其潜在的替代无 Cd 和 Pb 量子点的能力而受到关注。Alexandra 等开发了一种先进的基于液滴的两步微流控平台来合成 $CuInS_2/ZnS$ 量子点[33]。考虑反应混合物与微流控通道内壁的相互作用，设计了一种基于液滴的抑制二次成核的微流控系统。图 7.10 是该微流控系统的原理图。利用精密注射泵将试剂注射进 T 型混合器中进行初始混合,所有注射泵使用聚醚醚酮(PEEK)连接到内径为 250mm、外径为 1/16in(1in = 2.54cm)的聚四氟乙烯(PTFE)管。微流控系统通过在线光学检测系统启用,通常在采集点之前实现实时光学检测。在系统中集成了光致发光光学检测系统,可以实时检测壳层材料生长前后的反应参数。使用紫外 LED 作为激励源。他们合成了核壳 $CuInS_2/ZnS$,其光致发光量子产率收率约为 55%,产量也很高。通过改变反应参数,研究人员获得了高度稳定的核壳结构 $CuInS_2/ZnS$,其发射波长从 580nm 到 760nm 不等。

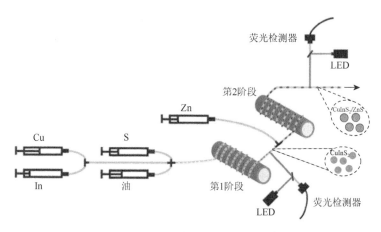

图 7.10　基于液滴的抑制二次成核的微流控系统

### 4. PQDs 的微流控合成

近年来,PQDs(perovskite quantum dots,钙钛矿量子点)因其特性引起了人们的关注,如窄半峰宽、高量化和广泛可调的排放。PQD 的通式为 $A_nBX_{2+n}$,其中 A(单价阳离子)= Cs、FA 和 MA,B(二价阳离子)= Pb,X(单价阴离子)= Cl、Br 和 I。Protesescu 等研制微流控平台,通过热注入的方法合成了不同的卤化铅 PQD,并对其反应动力学进行研究。Alexandra 等设计了一种微流体平台,用于合成钙钛矿型纳米晶体,并集成了在线检测吸光度和荧光特性的功能(图 7.11)[33]。在实验设计中,使用注射泵通过 PEEK 交叉接头和 PTFE 管将分散相载液注入不同的管段。使用卤素灯作为照明源。然后,使用平凸柱面透镜对输出光束进行准直并使其朝向流动方向。对于在线 PL 测量,系统使用蓝色 LED 作为激发源,并通过二向色分束器准直光束,聚焦于非球面透镜。为了合成 PQDs,将前体装入注射泵,在不同的交叉点($R_1$ 和 $R_2$)快速混合,形成液滴,在不同的反应温度下加热以形成和生长核。

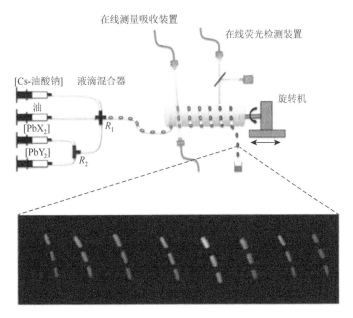

图 7.11　不同卤化铅（CsPbX$_3$，其中 X = Cl、Br、I、Cl/Br 和 Br/I）PQD 合成的微流体平台示意图

# 7.4　应　　用

21 世纪以来，随着现代科学技术的迅速发展，纳米材料的制备日趋完善，纳米技术给人类的生产生活带来深刻影响。纳米材料凭借其特殊的光电性质、高催化活性等性质，目前已被广泛应用于医疗器材、电子设备、涂料等诸多领域。其中，金纳米颗粒作为金属纳米材料中的典型代表，凭借其独特的光学性质在癌症治疗、基因调控、生物传感器等诸多领域展现出良好的应用前景，因此受到了研究人员的高度重视。此外，在纳米材料中，量子点因其较长的荧光寿命和优异的抗光漂白性能同样脱颖而出。目前，量子点已被应用于疾病的诊断和治疗，并提出了各种制备量子点的策略。微流控设备为微量疾病标志物的诊断提供了一个有效的平台，是一种很有前途的治疗策略。

## 7.4.1　金纳米颗粒的应用

金纳米颗粒具有独特的光学和光热特性，经常被作为支架材料用于制造新型的化学和生物传感器。此外，金纳米颗粒在细胞成像和肿瘤治疗领域也显示出了广阔的应用前景。

1. 金纳米颗粒在生物传感中的应用

如图 7.12 所示，利用基于金纳米颗粒的荧光共振能量转移（FRET）法进行 DNA 检测，其中未进行硫代修饰的单链 DNA 与金纳米颗粒的静电相互作用较弱，而双链 DNA 则会导致金纳米颗粒以侧边模式[34]组装。同样，当目标 DNA 缺失时，荧光染料标记的 DNA 会不规则卷曲，使染料无法接近金纳米颗粒，从而熄灭其荧光。然而，当目标出现，通过形成双链 DNA 或 G-四联体结构暴露磷酸盐，使其与金纳米颗粒表面带正电荷的 CTAB 显示出更强的静电结合亲和力，造成金纳米颗粒并排排列，导致荧光染料的猝灭，从而建立一种用于人类 DNA 端粒测定的 FRET 法[34]。该方法可推广应用于凝血酶检测等领域，可诱导其适配体形成 G-四联体。

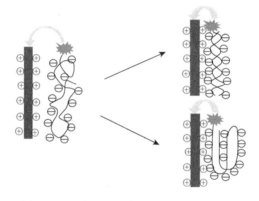

图 7.12　人类 DNA 端粒的 FRET 分析策略

Zhang 的团队开发了基于量子点-金纳米颗粒荧光共振能量转移纳米平台的同质免疫分析方法。由于金纳米颗粒分别在 520nm 和近红外区域呈现横向和纵向表面等离子体激元吸收带，可以同时猝灭 520nm 和更长波长的荧光发射。选取荧光发射峰对应金纳米颗粒吸收带的红色和绿色量子点作为能量供体，并与抗体结合。在抗原存在的情况下，量子点与金纳米颗粒表面形成三明治结构猝灭荧光。建立的 FRET 纳米平台可以同时区分不同的抗原。

在 FRET 实验中，能源供给者并不局限于有机荧光团。其他发光纳米材料，如量子点[35]和纳米团簇[36]，也可以作为能量供体，这显著促进了 FRET 策略的发展。

2. 金纳米颗粒在细胞成像中的应用

改进的影像学方法对于癌症的筛查、诊断、分期和切除指导具有重要意义。

作为一种新兴的造影剂，金纳米颗粒在提高成像分辨率方面具有潜在的应用价值。目前，金纳米颗粒的成像应用涉及广泛的技术，如暗场方法、计算机断层扫描、光声（PA）成像、拉曼方法等，极大地促进了细胞成像的发展。

暗场成像是一种常见的成像技术，如图 7.13（a）所示。在亮场模式下，由于金纳米颗粒上的抗体与细胞表面的抗原结合，可以通过弱红色图像识别金纳米颗粒。然而，在暗场模式下，由于表面等离子体激元振荡的频率在近红外区域，金纳米颗粒强烈散射增强的红光。在含有健康细胞样本的不同环境中随机分布的同时，大部分金纳米颗粒与癌细胞表面结合。此外，与明场成像相比，暗场成像提供了更独特的控制，更容易识别癌细胞。这为癌症的诊断和治疗提供了强有力的工具[37]。

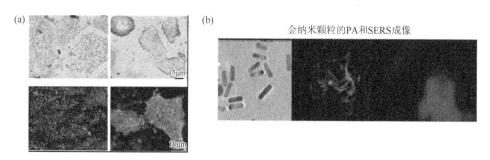

图 7.13　（a）抗 EGFR 抗体偶联金纳米颗粒在正常细胞和癌细胞上的明暗图像；
（b）PA 和 SERS 成像的金纳米颗粒

此外，Jokerst 的团队提出了 PA/SERS 联合方法，将金纳米颗粒作为被动靶向分子显像剂，如图 7.13（b）所示[38]。PA 成像的机理是超短光脉冲吸收后产生声波。超短光脉冲入射后，PA 造影剂在组织内对光脉冲快速吸收，使吸收的能量进行热弹性膨胀，发射出超声频率下的机械波，然后重建吸收能量的图像，形成超声图像[39]。PA 成像技术已经成为一种新的方法，可以实现高度特异性的分子成像[40]，它能够以非常高的空间分辨率（可达 $50 \sim 500 \mu m$）和深度穿透（可达 5cm）进行活体成像的声学检测。SERS 成像是利用贵金属纳米颗粒作为探针，增强拉曼报告分子的信号，实现高灵敏度、多路成像的新一代光学技术。前一种成像方法提供了更好的组织通路，后一种成像方法产生了明显更敏感的信号。PA/SERS 联合成像可以清晰显示肿瘤与正常组织之间的边界。

这些更高的空间分辨率、更深的穿透度和更明亮的图像提供了有价值的疾病信息，有助于临床诊断。

3. 金纳米颗粒在肿瘤治疗中的应用

作为一种药物载体，金纳米颗粒可以将药物运送到细胞内，以达到治疗癌症的目的。如图 7.14（a）所示，将 Pt（Ⅳ）前体药物捆绑到胺基化金纳米颗粒上，用聚乙二醇（PEG）修饰后的金纳米颗粒增强了稳定性和生物相容性，构建了给药体系。当偶联物被吸收到癌细胞中时，与顺铂相比，Pt（Ⅳ）对多种类型的癌细胞表现出更强的细胞毒性[41]。以异硫氰酸荧光素为模型，飞秒近红外激光照射下药物的释放动力学如图 7.14（b）所示。其中，金纳米颗粒作为光热试剂，在激光照射下产生热量，进一步控制药物的释放动力学。结果表明，药物在近红外激光照射下的释放依赖于近红外激光照射，在连续和周期照射下分别表现为零级和一级动力学。抗癌药物紫杉醇（paclitaxel，PTX）进一步用于乳腺癌细胞的体外研究。近红外激光照射可触发 PTX 的释放，细胞的抑制率与照射方式和照射时间有很强的依赖性。研究结果表明，结合物的药物释放可以在很长一段时间内通过激光照射进行调节，这在未来的乳腺癌治疗中具有巨大的应用潜力[42]。这些结果表明，在近红外激光照射下，金纳米颗粒能够作为药物的载体传递药物，并能够控制药物的释放。

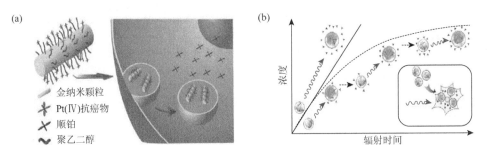

图 7.14　（a）聚乙二醇修饰后的金纳米颗粒用于铂类药物输送的示意图；（b）近红外激光照射　　　　　下，金纳米颗粒包埋的聚电解质多次释放模型药物

## 7.4.2　量子点的生物医学应用

由于目前利用微流控技术制备量子点的技术相对成熟，研究人员的研究重点从量子点的合成转向了量子点的应用，特别是纳米医学领域。由于量子点具有独特的光学性能，微流体量子点在生物医学领域最广泛的应用之一便是生物成像。此外，量子点在生物传感、药物传递和癌症治疗方面的研究也取得了很大进展。

### 1. 生物医学成像

微流体量子点在生物医学领域最广泛的应用之一是生物成像，包括体外和体内生物成像。一般来说，生物成像的过程包括生物分子的标记和识别元素。量子点通过特定的生物医学修饰与抗体、肽、适配体等生物分子结合，将生物信号转化为可视化荧光，然后被读出系统识别。量子点由于优异的物理特性，特别是光学特性，在靶向标记和高灵敏度、高分辨率的多重生物医学检测方面取得了突破性进展。量子点的另一个优势是纳米尺度，这使得量子点成为细胞分析和成像的合适标签。量子点最常见的细胞标记方法是非特异性的[43]。Cao 等[44]演示了C-Dots（碳量子点）在人乳腺癌细胞中的内在化，并利用近红外激发 C-Dots 的发光来可视化细胞。在内化过程中，量子点通常被吸附在细胞膜上，然后传递给细胞，从而产生荧光成像。非特异性的生物成像方法方便、省时，但阻碍了分子和细胞器的靶向标记，从而降低了成像的准确性。为解决这一问题，用特殊的聚合物或脂质壳包裹量子点，以防止产生非特异性吸附。如图 7.15（a）和（b）所示，Gopalakrishnan 等[45]用磷脂包裹 CdSe 量子点以提高生物相容性。磷脂包裹的量子点能与活细胞膜融合，并通过量子点荧光染色活细胞膜。由于脂质壳的存在，量子点无法以非特异性的方式与生物分子或细胞相互作用。因此，所合成的量子点在生物医学领域具有不可或缺的应用潜力。

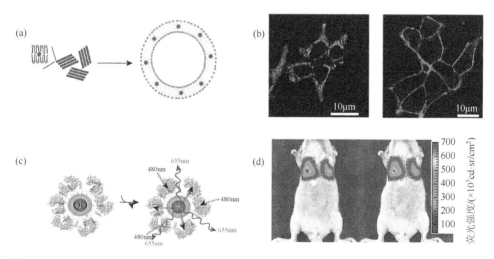

图 7.15　（a）脂质/量子点复合物的形成；（b）有（左）或没有（右）量子点内化入细胞质的HEK293 细胞的共聚焦显微镜图像；（c）生物发光蛋白-量子点偶联物的示意图及生物发光对量子点的荧光激发；（d）注射滤光片标记细胞（左）和不注射滤光片（右）后的小鼠荧光图像

　　尽管在细胞成像方面取得了成功，但体外细胞培养无法准确模拟活体动物模型复杂的内部环境。因此，大量的研究集中在量子点在体内成像中的应用上。因此，Xu 等[46]提出了一种新的量子点偶联物，将羧基化量子点与生物发光蛋白结合，用于细胞成像，甚至用于动物深层组织成像[图 7.15（c）和（d）]。生物发光蛋白通过荧光共振能量转移提供能量并激发量子点的荧光。因此，在没有外部光照的情况下，荧光背景亮度降低，体内成像的灵敏度提高了。如图 7.16 所示，通过使用不同颜色的量子点，并将量子点与其他成像方式相结合，可以大大扩展量子点在细胞分析中的应用。此外，在量子点中加入顺磁性物质可形成荧光磁多模探针，可在光学或磁模式下检测，从而增强生物成像的多样性和灵敏度。Yang 等[47]通过功能化 Gd（Ⅲ）离子合成了一种新型顺磁性量子点，以满足磁共振成像造影剂的要求。除了离子修饰外，还有其他方法将磁性纳米粒子与量子点结合，包括异质结生长、螯合等。所合成的多通道造影剂在靶向标记和体内生物成像方面展现出巨大的潜力。然而，量子点药物的毒性有待于进一步的临床应用。

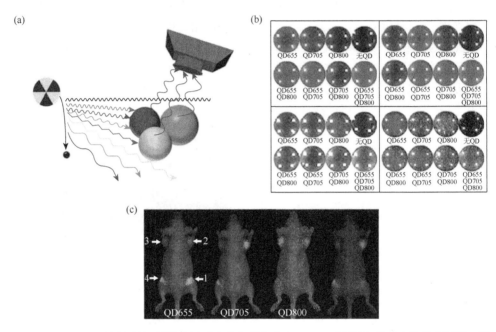

图 7.16　（a）不同颜色的辐射激发量子点生物成像方案；（b）不同颜色量子点的荧光图像，用于体外成像；（c）活体量子点的多路成像

### 2. 基于量子点的生物传感

量子点除了在生物成像和分析方面具有优势外，其独特的光学特性也适合作为多路生物传感探针[48]。量子点具有较大的比表面积，可以被功能化来监测目标分子的动态状态。随着目标分子浓度的变化，量子点的荧光强度发生同步变化。与标准曲线相比，目标分子可被定量检测。目前，基于量子点的生物传感器已经实现了蛋白质、microRNAs 等多种生物指标的检测。Dyadyusha 等[49]将量子点连接到 DNA 链的"5"末端，在"3"末端与金纳米颗粒结合的互补 DNA 序列有效地猝灭量子点的荧光。该机制为高灵敏度检测 DNA 浓度提供了可能。然而，目标分子标记过程复杂而昂贵，限制了该方法的应用。此外，标记过程可能会影响分子的自然状态，从而影响传感结果。

为了提高检测精度，研究者发明了基于量子点分析的无标记检测方法。Choi 等证实了一种利用适配体修饰的量子点检测蛋白质的无标记方法。他们发现，带有 DNA 适配体的 PbS 量子点可以特异性识别并结合目标蛋白（凝血酶），导致量子点因电荷转移而选择性猝灭。该方法在复杂的干扰环境中具有较高的灵敏度和选择性。为了使检测具有更丰富的编码信息，量子点被整合到微流体的功能珠中。Bian 等提出了另一种使用二硫化钼（$MoS_2$）集成光子条形码筛选肿瘤标志物的方法[50]。他们将带有量子点装饰的发夹探针吸附在 $MoS_2$ 薄片上，量子点的荧光被 FRET 效应猝灭（图 7.17）。一旦光子条形码成功捕获与疾病相关的靶 miRNAs，发夹的结构发生改变，量子点与 $MoS_2$ 分离，从而导致荧光恢复。该方法对肿瘤标志物的定量检测具有较高的灵敏度和选择性。此外，该策略利用多种光子条形码技术实现了对多种肿瘤标志物的检测，为生物传感提供了新的方向。

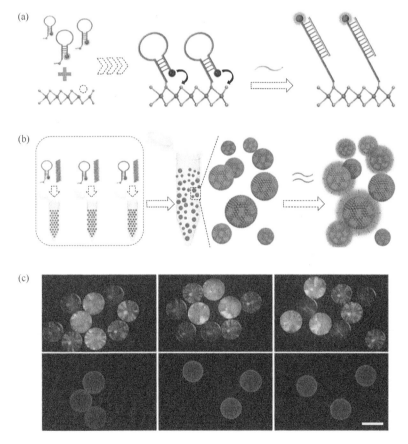

图 7.17 （a）$MoS_2$ 平台上 microRNA 检测过程示意图；（b）集成 $MoS_2$ 的二氧化硅胶体晶体珠检测多路 microRNA 示意图；（c）三种整合 $MoS_2$ 的二氧化硅胶体晶体珠与靶 miRNA 孵育后的亮场图像和荧光图像；标尺为 300μm

**3. 基于量子点的药物传递和癌症治疗**

量子点在生物成像和临床诊断方面已被证明具有巨大的潜力，并试图进一步探索量子点在癌症治疗中的应用。基于量子点的药物传递系统的构建是研究治疗效果的常用方法[51]。一种典型的方法是将表面功能化的量子点同时作为药物载体和示踪剂。Qiu 等[52]制备了一种新型石墨烯量子点，其具有跟踪细胞靶向过程的荧光特性，他们选择阿霉素（DOX）作为抗癌药物（图 7.18）。一些肿瘤组织的pH 值一般低于正常组织，利用这一特性设计了一种由 pH 触发的药物传递系统，仅在肿瘤细胞中释放。药物与 GQDs 的结合依赖于环境的 pH 值，一旦系统到达靶区，DOX 被释放，破坏肿瘤细胞的细胞核。为了提高靶向性，减少药物的副作用，采用设计肽修饰 DOX 负载的 GQDs 系统。利用量子点的荧光成功地监测了DOX 的靶向和释放过程，进一步还需要在体内加以实验。

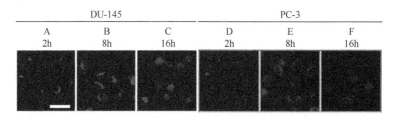

图 7.18　负载阿霉素的石墨烯量子点处理不同培养时间和染色的 DU-145 和 PC-3 细胞后的荧光图像

此外，量子点通常与其他功能材料结合作为药物载体，如脂质体、介孔二氧化硅纳米颗粒和高分子胶束[53]。在这种模式下，量子点仅作为跟踪给药过程的显像剂，高载率和生物相容性的材料用作药物载体。与单量子点相比，该复合体系具有更好的稳定性和更低的生物毒性。将荧光量子点与 $Fe_3O_4$ 填充的碳纳米管集成在一起，用于靶向药物传递和生物成像。合成的复合材料是多功能和多模态的，具有超大比表面积、良好的相容性和磁控制能力等优点。在外部磁场的作用下，复合给药系统靶向 Hela 细胞的 Trf 受体。同时，量子点探针允许对机制进行实时成像。结果表明，该复合体系对肿瘤细胞的损伤具有选择性和有效性，在临床显像和肿瘤治疗方面具有一定的应用价值。

# 7.5　小　　结

本章介绍了纳米材料的两种结构——纳米颗粒与量子点，分别对其性能质以及制备与应用进行介绍。微流控技术是制备纳米颗粒的一种简便有效的方法，利用微流控技术制得的微颗粒，可以对微颗粒的尺寸、形状、单分散性、壳层厚度，以及微颗粒内部的结构、形状和组分等进行精确控制，通过微颗粒结构和构成微颗粒的各功能组分的巧妙结合赋予其更加多样化的功能。随着微流控制备技术的发展，纳米颗粒在体内外生物成像、生物传感、药物传递、癌症治疗等方面展现出巨大的潜力。

## 参 考 文 献

[1] Cha D Y，Parravano G. Surface reactivity of supported gold：Ⅰ. Oxygen transfer between CO and $CO_2$[J]. Journal of Catalysis，1970，18（2）：200-211.

[2] 佚名. 纳米材料小尺寸效应的奇异特性[J]. 纳米科技，2005，2（1）：44.

[3] 梁春雁. 金纳米颗粒的光学性质及光热光声效应的研究[D]. 哈尔滨：哈尔滨工业大学，2018.

[4] 刘芳. 纳米材料的结构与性质[J]. 光谱实验室，2011，（2）：735-738.

[5] 杨艳莲. 金纳米颗粒-量子点混合系统非线性光学性质的研究[D]. 广州：广州大学，2019.

[6] Sk M A，Ananthanarayanan A，Huang L，et al. Revealing the tunable photoluminescence properties of graphene quantum dots[J]. Journal of Materials Chemistry C，2014，2（34）：6954-6960.

[7] Jiang R，Cheng S，Shao L，et al. Mass-based photothermal comparison among gold nanocrystals，PbS nanocrystals，organic dyes，and carbon black[J]. The Journal of Physical Chemistry C，2013，117（17）：8909.

[8] Yen Y C，Chen P H，Chen J Z，et al. Plasmon-induced efficiency enhancement on dye-sensitized solar cell by a 3D TNW-AuNP layer[J]. ACS Applied Materials & Interfaces，2015，7（3）：1892-1898.

[9] Deng X R，Li K，Cai X C，et al. A Hollow-structured $CuS@Cu_2S@Au$ nanohybrid：Synergistically enhanced photothermal efficiency and photoswitchable targeting effect for cancer theranostics[J]. Advanced Materials，2017，29（36）：1701266.

[10] Wang L，Wei M，Ni D，et al. Direct electrodeposition of gold nanoparticles onto indium/tin oxide film coated glass and its application for electrochemical biosensor[J]. Electrochemistry Communications，2008，10（4）：673-676.

[11] Ekimov A I，Onushchenko A A. Quantum size effect in three-dimensional microscopic semiconductor crystals[J]. JETP Letters，1981，34（6）363.

[12] Kastner，Marc A. Artificial Atoms[J]. Physics Today，1993，46（1）：24-31.

[13] Toennies J P，Vilesov A F. Spectroscopy of atoms and molecules in liquid helium[J]. Annual Review of Physical Chemistry，1998，49（1）：1-41.

[14] Mayhew M，Martin J，Erdjumentbromage H，et al. Protein folding in the central cavity of the GroEL-GroES chaperonin complex[J]. Nature，1996，379（6564）：420-426.

[15] Reimann S，Manninen M. Electronic structure of quantum dots[J]. Reviews of Modern Rhysics，2002，74（4）：1283-1342.

[16] Rao C，A Müller，Cheetham A K. The chemistry of nanomaterials（synthesis，properties and applications）photochemistry and electrochemistry of nanoassemblies[J]. The Chemistry of Nanomaterials：Synthesis，Properties and Applications，2004，2：551-588.

[17] Rossetti R，Nakahara S，Brus L E. Quantum size effects in the redox potentials，resonance Raman spectra，and electronic spectra of CdS crystallites in aqueous solution[J]. Journal of Chemical Physics，1983，79（2）：1086-1088.

[18] Shao L, Gao Y, Yan F. Semiconductor quantum dots for biomedicial applications[J]. Sensors, 2011, 11 (12): 11736-11751.

[19] Smyder J A, Krauss T D. Coming attractions for semiconductor quantum dots[J]. Materials Today, 2011, 14 (9): 382-387.

[20] Shao L, Gao Y, Yan F. Semiconductor quantum dots for biomedicial Applications[J]. Sensors, 2011, 11 (12): 11736-11751.

[21] Zhang W, Qiao X, Chen J. Synthesis and characterization of silver nanoparticles in AOT microemulsion system[J]. Chemical Physics, 2006, 330 (3): 495-500.

[22] Liu H, Huang J, Zhang H, et al. Plant-mediated synthesis in a microfluidic chip yields spherical Ag nanoparticles and PSD simulation by a PBE-assisted strategy[J]. Journal of Chemical Technology and Biotechnology, 2017, 92 (10): 2546-2553.

[23] Lazarus L L, Yang S J, Chu S, et al. Flow-focused synthesis of monodisperse gold nanoparticles using ionic liquids on a microfluidic platform[J]. Lab on A Chip, 2010, 10 (24): 3377-3379.

[24] Lazarus L L, Riche C T, Marin B C, et al. Two-phase microfluidic droplet flows of ionic liquids for the synthesis of gold and silver nanoparticles[J]. ACS Applied Materials & Interfaces, 2012, 4 (6): 3077-3083.

[25] Jamal F, Jean-Sébastien G, Edmond P, et al. Gold nanoparticle synthesis in microfluidic systems and immobilisation in microreactors designed for the catalysis of fine organic reactions[J]. Microsystem Technologies, 2012. 18 (2): 151-158.

[26] Reed M A, Bate R T, Bradshaw K, et al. Spatial quantization in GaAs-AlGaAs multiple quantum dots[J]. Journal of Vacuum Science & Technology B: Microelectronics Processing and Phenomena, 1986, 4 (1): 358-360.

[27] Edel J B, Fortt R, DeMello J C, et al. Microfluidic routes to the controlled production of nanoparticles[J]. Chemical Communications, 2002, 2: 1136-1137.

[28] Epps R W, Felton K C, Coley C W, et al. Automated microfluidic platform for systematic studies of colloidal perovskite nanocrystals: Towards continuous nano-manufacturing[J]. Lab on A Chip, 2017, 23: 4040-4047.

[29] Toyota A, Nakamura H, Ozono H, et al. Combinatorial synthesis of CdSe nanoparticles using microreactors[J]. Journal of Physical Chemistry C, 2010, 114 (17): 7527-7534.

[30] Nakamura H, Yamaguchi Y, Miyazaki M, et al. Preparation of CdSe nanocrystals in a micro-flow-reactor[J]. Chemical Communications. 2002, 23: 2844-2845.

[31] Shestopalov I, Tice J D, Ismagilov R F. Multi-step synthesis of nanoparticles performed on millisecond time scale in a microfluidic droplet-based system[J]. Lab on A Chip, 2004, 4 (4): 316-321.

[32] Nightingale A M, Mello J. Controlled synthesis of III-V quantum dots in microfluidic reactors[J]. Chemphyschem A European Journal of Chemical Physics & Physical Chemistry, 2010, 10 (15): 2612-2614.

[33] Alexandra Y, Ioannis L, Stavros S, et al. Scalable production of CuInS$_2$/ZnS quantum dots in a two-step droplet-based microfluidic platform[J]. Journal of Materials Chemistry C: Materials for Optical and Electronic Devices. 2016, 4 (26): 6401-6408.

[34] 程朝歌, 李敏, 吴琪琳. 石墨烯量子点的表征分析技术[J]. 功能材料, 2017, 48 (4): 04033-04040.

[35] He W, Huang C Z, Li Y F, et al. One-step label-free optical genosensing system for sequence-specific DNA related to the human immunodeficiency virus based on the measurements of light scattering signals of gold nanorods[J]. Analytical Chemistry, 2008, 80 (22): 8424-8430.

[36] Zeng Q, Zhang Y, Liu X, et al. Multiple homogeneous immunoassays based on a quantum dots-gold nanorods FRET nanoplatform[J]. Chemical Communications, 2012, 48 (12): 1781.

[37] Qin L, He X, Chen L, et al. Turn-on fluorescent sensing of glutathione S-transferase at near-infrared region based on FRET between gold nanoclusters and gold nanorods[J]. ACS Applied Materials & Interfaces, 2015, 7 (10): 5965-5971.

[38] Huang X, El-Sayed I H, Qian W, et al. Cancer cells assemble and align gold nanorods conjugated to antibodies to produce highly enhanced, sharp, and polarized surface Raman spectra: A potential cancer diagnostic marker[J]. Nano Letters, 2007, 7: 1591-1597.

[39] Jokerst J V, Cole A J, Van D, et al. Gold nanorods for ovarian cancer detection with photoacoustic imaging and resection guidance via Raman imaging in living mice[J]. ACS Nano, 2009, 6 (11): 10366-10377.

[40] Kim J W, Galanzha E I, Shashkov E V, et al. Golden carbon nanotubes as multimodal photoacoustic and photothermal high-contrast molecular agents[J]. Nature Nanotechnology, 2009, 4: 688-694.

[41] Min Y, Mao C, Xu D, et al. Gold nanorods for platinum based prodrug delivery[J]. Chemical Communications, 2010, 46: 8424-8426.

[42] Kuo T R, Hovhannisyan V A, Chao Y C, et al. Multiple release kinetics of targeted drug from gold nanorod embedded polyelectrolyte conjugates induced by near-infrared laser irradiation.[J]. Journal of the American Chemical Society, 2010, 132 (40): 14163.

[43] Ma Y, Wang M, Li W, et al. Live cell imaging of single genomic loci with quantum dot-labeled TALEs[J]. Nature Communications, 2017, 8: 15318-15318.

[44] Cao L, Wang X, Meziani M J, et al. Carbon dots for multiphoton bioimaging[J]. Journal of the American Chemical Society, 2007, 129 (37): 11318-11319.

[45] Gopalakrishnan G, Danelon C, Izewska P, et al. Multifunctional lipid/quantum dot hybrid nanocontainers for controlled targeting of live cells[J]. Angewandte Chemie International edtion. in English, 2010, 118 (33): 5604-5609.

[46] Xu X, Ray R, Gu Y, et al. Electrophoretic analysis and purification of fluorescent single-walled carbon nanotube fragments[J]. Journal of the American Chemical Society, 2004, 126 (40): 12736-12737.

[47] Yang H, Santra S, Walter G , et al. GdIII-functionalized fluorescent quantum dots as multimodal imaging probes[J]. Advanced Materials, 2006, 18: 2890-2894.

[48] Cincotto F H, Fava E L, Moraes F C, et al. A new disposable microfluidic electrochemical paper-based device for the simultaneous determination of clinical biomarkers[J]. Talanta, 2018, 195: 62-68.

[49] Dyadyusha L, Yin H, Jaiswal S, et al. Quenching of CdSe quantum dot emission, a new approach for biosensing[J]. Chemical Communications, 2005, 25 (25): 3201-3203.

[50] Bian F, Sun L, Cai L, et al. Molybdenum disulfide-integrated photonic barcodes for tumor markers screening[J]. Biosensors and Bioelectronics, 2019, 133: 199-204.

[51] Zhang Y, Xiu W J, Sun Y T, et al. RGD-QD-MoS$_2$ nanosheets for targeted fluorescent imaging and photothermal therapy of cancer[J]. Nanoscale, 2017, 9 (41): 15835-15845.

[52] Hong L, Qiu J, Zhang R, et al. Fluorescent graphene quantum dots as traceable, pH-sensitive drug delivery systems[J]. International Journal of Nanomedicine, 2015, 10: 6709-6724.

[53] Liu X, Deng G, Wang Y, et al. A novel and facile synthesis of porous SiO$_2$-coated ultrasmall Se particles as a drug delivery nanoplatform for efficient synergistic treatment of cancer cells[J]. Nanoscale, 2016, 8 (16): 8536-8541.

# 第 8 章 压 电 材 料

压电材料是受到压力作用时会在两端面间出现电压的晶体材料,因在将机械能转化为电能以驱动智能电子方面的突出能力而受到越来越多的关注。在过去几十年里,在应对环境问题和能源危机时,能源收集技术引起了人们的关注,其中不规则机械能最常见易得,也是最容易被忽视浪费的能源,由此,研究者大量开发基于振动源的能量收集器,压电材料在其中有不可或缺的贡献。本章介绍了压电材料机械能转换电能的原理、基础理论、制备工艺,以及压电材料的集成化研究与应用。

## 8.1 基 础 理 论

将振动能和机械能转化为电能的能量收集机是一种非常有前景的工具,可在隔离、不可接近或室内环境甚至人体条件下实现可持续的能源生产。特别是,柔性和轻便的能量收集装置可以从极其微小的运动,如风、水流、心跳、隔膜活动和呼吸运动中收集到电信号,不仅可以实现自供电的柔性电子系统,还可以为植入式生物医学设备(如心动流速计、起搏器、深部脑刺激器等)提供永久性电源。为了从自然资源或人类运动产生的环境机械能中获取电能,称为纳米发电机(NG)的压电能量收集装置已经被许多研究人员提出并开发。

### 8.1.1 压电效应

压电效应最早是由皮埃尔·居里和雅克·居里两兄弟在 1880 年发现的。压电材料具有独特的机电耦合特性,可以在外加机械应力作用下产生电荷,称为直接压电效应,也可以在外加电场作用下产生机械应变,称为反向压电效应。直接压电效应对于压电材料的传感和能量收集是必不可少的,在压电材料上施加应力产生表面电荷。正、逆压电效应由压电方程[式(8.1)]控制[1]:

$$\begin{bmatrix} \delta \\ D \end{bmatrix} = \begin{bmatrix} s^E & d^T \\ d & \varepsilon^t \end{bmatrix} \begin{bmatrix} \sigma \\ E \end{bmatrix} \tag{8.1}$$

式中,$\delta$、$\sigma$ 分别为张力和应力分量;$D$、$E$ 分别为电场位移分量和电场分量;$s$、$\varepsilon$、$d$ 分别为弹性柔度、介电常数、压电系数;上标 $E$ 和 $t$ 表示分别在恒定电场和恒定应力下求得的常数；上标 T 代表转置。

　　大多数用于能量采集的压电材料都具有明确的极轴，而相对于极轴的外加应力方向会影响能量采集性能。对于铁电陶瓷或聚合物[2, 3]，如锆钛酸铅（PZT）、$Pb(Mg_{1/3}Nb_{2/3})O_3$-$PbTiO_3$（PMN-PT）或聚偏氟乙烯（PVDF），极性轴依赖于极化方向。然而，对于非铁电晶体材料，如氮化铝（AlN）或氧化锌（ZnO），极性轴由晶体取向（沿纤锌矿晶体结构的 c 轴）确定。极轴指的是 "3" 方向。由于对称性，与极轴成直角的其他方向是等价的，可以参考 "1" 方向。施加应力的方向可以沿着极轴（3 方向）或与极轴成直角（1 方向），两种常见模式：33 模式和 31 模式如图 8.1 所示。在 33 模式中使用的压电材料意味着应力/应变是平行于 3 方向施加的，而电压是沿同一轴线产生的。在 31 模式下，应力/应变垂直于极轴施加，产生的电压的方向与所施加的力成直角。压电系数（$d_{3i}$）用来量化压电材料的性能，它是开路电荷密度与外加应力的比值（单位为 C/N）。一般情况下，$d_{33}$ 系数大于 $d_{31}$ 系数。然而，在 31 模式下的操作导致在 1 方向上使用大应变，因此通常在 VEH 中实施[4]。

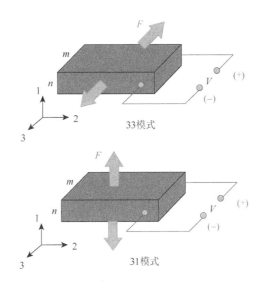

图 8.1　33 模式和 31 模式的压电效应

## 8.1.2　压电材料分类

　　最早提出的压电材料是天然的石英，其是由法国物理学家雅克·居里和皮埃尔·居里于 1880 年发现的。经过大约 140 年的发展，研究人员发现了许多天然的压电材料，并创造了许多性能优良的人工压电材料，以适应各种应用场合。本节将介绍无机压电材料、压电聚合物和生物压电材料的能量收集的最新进展。

## 1. 无机压电材料

无机压电材料在机械能采集方面应用广泛,传统上分为压电晶体和压电陶瓷两大类。压电晶体具有单晶结构和天然压电性,如石英薄膜和氧化锌纳米线(NWs)。压电陶瓷是由许多定向随机的小晶体组成的,通常是通过施加高电场使晶体定向,在极化过程后才显示压电性。著名的压电陶瓷是 $Pb[Zr_xTi_{1-x}]O_3$ $(0 \leqslant x \leqslant 1)$、钛酸钡(BaTiO_3)和氮化铝(AlN)[5]。

水热法制备的纤锌矿型氧化锌 NWs 可用于制备纳米发电机。纤锌矿型氧化锌的晶体结构如图 8.2(a)所示[4],其中四面体协调 $Zn^{2+}$ 和 $O^{2-}$ 是沿着 $c$ 轴一层一层地堆叠,正离子和负离子的电荷中心与初始状态一致。当变形发生时,电荷中心分离,形成电偶极子,在电极之间产生压电势。如果电极与外部负载连接,压电势将驱动电子流过外部负载,以部分屏蔽压电势并达到新的平衡状态。

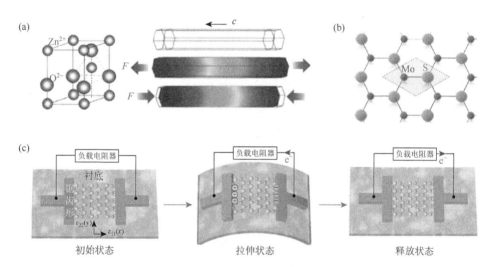

图 8.2　(a)纤锌矿型氧化锌晶体结构;(b)MoS_2 单层膜晶体结构;(c)MoS_2 在拉伸、释放
状态下的电路

二维(2D)单晶材料作为高性能的压电材料也很受关注。与一维(1D)NWs 相比,二维压电材料在构造柔性纳米发电机方面具有形态学优势。图 8.2(b)证明了 MoS_2 单层膜的强压电性,$d_{11}$ 值约为 3pm/V[6]。Wu 等将机械剥离的 MoS_2 薄片组装在柔性基底上,Cr/Pd/Au 的电触点沉积在平行于 $y$ 轴的金属 MoS_2 界面上,形成二维纳米发生器,如图 8.2(c)所示。当拉伸该二维纳米发生器时,在 MoS_2 片的锯齿形边缘处产生极性相反的压电极化电荷。衬底的周期性拉伸和释放可以在外部产生压电输出极性交替的电路[7]。

2. 压电聚合物

与无机压电材料相比，压电聚合物，如 PVDF 及其共聚物聚（偏氟乙烯-co-三氟乙烯）[P(VDF-TrFE)]具有天然的柔韧性、易于加工和足够的机械强度，更适合于柔性能量采集场景。到目前为止，有 5 种半晶型的 PVDF 被识别并标记为 α、β、γ、δ 和 ε[8, 9]，但只有 β 相的 PVDF[根据图 8.3（a）所示的分子模型]被证明具有强压电性。因此，改进 PVDF β 相组分有助于提高 PVDF 能量采集器的性能[10]。

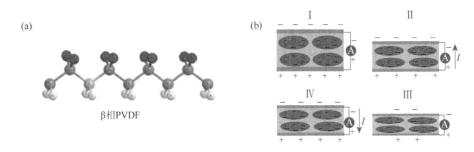

图 8.3　（a）β 相 PVDF 的分子模型；（b）基于细胞 PP 的柔性能量采集器采集流程

PVDF 的 $d_{33}$ 值不高，仅为 20～30pC/N，因此有必要开发具有高压电系数的新型压电聚合物。压电驻极体是一种聚合物泡沫薄膜，采用高压电晕法充电后表现出类压电的特性。压电驻极体通常由充满空气的多孔聚合物结构组成。聚合物-空气复合材料由于其高空气含量而具有弹性和柔韧性。气泡内部的正负电荷由电偶极子组成，在压缩后释放电偶极子，压电驻极体薄膜的厚度改变，从而改变电偶极子的力矩。结果是机械信号被转换成电子信号。传统的压电驻极体材料是由 Kirjavainen 等于 1990 年首次提出的多孔聚丙烯（PP），如图 8.3（b）所示。采用热膨胀法制备的多孔聚丙烯的等效 $d_{33}$ 值可达 200～600pC/N，几乎与商用 PZT 薄膜的等效 $d_{33}$ 值相同。多孔聚丙烯已经应用于许多换能器，如扬声器和能量采集器。例如，Wu 等提出了一种基于蜂窝 PP 的柔性能量收获器[11]，其具有长期稳定的输出性能，峰值功率密度约达到 52.8mW/m²。

3. 生物压电材料

有趣的是，一些生物组织和微生物具有压电性，如丝、骨和特异性病毒。由于生物技术使大规模生产和易于生物降解成为可能，生物压电材料有可能提供一种简单和环境友好的能源生产方法。然而，由于生物材料的寿命有限，生物压电材料更适合于短期或一次性应用。Lee 等证明 M13 噬菌体[图 8.4（a）]具有压电

性能，可用于产生电能。M13 噬菌体自组装薄膜的压电强度可达 7.8pm/V，如图
8.4（b）所示。一种基于 M13 噬菌体的压电发生器可以产生高达 6nA 的电流和
400mV 的电位，并可以操作液晶显示器[12]。

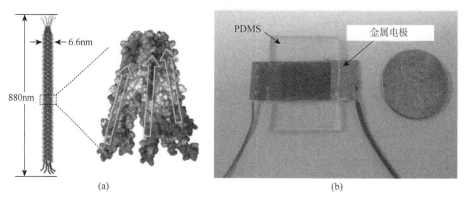

图 8.4　（a）M13 噬菌体；（b）M13 噬菌体压电强度显示

　　下面研究了各种氨基酸晶体和肽纳米结构的压电性能。其中，二苯丙氨酸
（FF）已被广泛研究和制备。Lee 等制备了基于多肽的压电俘能器，他们利用半
月板驱动的自组装过程来制造水平排列的 FF 纳米管。FF 纳米管具有单向极化的
压电特性。所制备的基于 FF 肽的水平定向压电能量采集器可以分别产生 2.8V、
37.4nA 和 8.2nW 的电压、电流和功率，并为多个液晶显示面板供电。

　　综上所述，各种压电材料已被应用于从环境中获得可变振幅和频率的机械应
变或 VEH，如人体运动、机械拉伸或压缩以及机器振动。这些 PEH 器件在分布
式传感器网络和可穿戴电子设备中有潜在的应用，旨在建立自供电系统。

## 8.2　压电材料的制备

　　压电材料用于能量收集的一个重要优点是其可扩展性。各种制造技术不断发
展，将先进的压电材料集成到能量采集器中，从而使输出性能不断提高。本节介
绍目前竞争性能和耐久性较优的压电能量采集器的制造技术。制备高性能的能量
转换器件，关键是将具有高结晶质量和可控形貌的压电材料进行沉积和图案化。
压电薄膜沉积的标准制造程序包括磁控溅射、脉冲激光沉积（PLD）、化学气相沉
积（CVD）、金属有机分解（MOD）和化学溶液沉积（CSD），包括溶胶-凝胶沉
积[13]。如今最常见的通过微加工工艺制备的用于能量收集的压电材料包括 PZT、
AlN、ZnO、PMN-PT 和无铅 $K_xNa_{1-x}NbO_3$（KNN）。

### 8.2.1 压电薄膜沉积

多晶 PZT 由于其高压电系数，是用于能量收集应用的最流行的压电材料。对于能量收集应用，底部电极的选择最为重要，它会直接影响压电 PZT 薄膜的晶体结构、质量和性能，如图 8.5（a）所示。PZT/Pt/Ti/SiO$_2$/Si 是应用最广泛的沉积顺序，其中铂（Pt）的均匀结构通常用于获得相同钙钛矿取向的均匀形核；钛（Ti）不仅用作黏合剂，也在扩散现象中起着重要作用；使用绝缘衬底上的硅（SOI）晶片或裸硅（Si）制造 PZT 微悬臂梁[14]。

图 8.5（b）显示了 Liu 等报道的 PZT 微悬臂梁的工艺流程[15]。该工艺始于在 SOI 晶片上多层沉积 Pt/Ti/PZT/Pt/Ti/SiO$_2$。采用直流磁控溅射法制备了 Pt/Ti 的顶部、底部电极。在二者之间，采用溶胶-凝胶法沉积一层 2.5μm 厚的 Pb（Zr$_{0.52}$Ti$_{0.48}$）O$_3$ 薄膜。步骤 2 显示了氩离子对顶部和底部电极的刻蚀以及 HF、HNO$_3$ 和 HCl 混合物对 PZT 薄膜的刻蚀。然后，通过射频磁控溅射沉积 SiO$_2$ 薄膜作为绝缘层。在步骤 4 中，通过使用铂刻蚀和图案化接触孔来形成焊盘。为了形成和释放微悬臂梁结构，正面的 SiO$_2$ 层和 Si 器件层分别使用 CHF$_3$ 和 SF$_6$ 气体进行 RIE 刻蚀，而背面的 Si 手柄层和埋置氧化物（BOX）层则使用深度反应离子刻蚀（DRIE）工艺进行刻蚀。

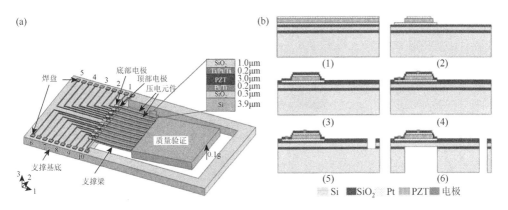

图 8.5 压电薄膜沉积 PZT 微悬臂梁的微制造工艺流程

### 8.2.2 CMOS 兼容薄膜沉积

与互补金属氧化物半导体器件（CMOS）兼容的 PZT 替代品包括氧化锌（ZnO）和氮化铝（AlN），它们可以在相对较低的温度下通过溅射沉积。尽管两种材料具有相似的压电系数，但由于较低的介电常数，AlN 具有较高的电阻率和较高的发电优值。在微结构中，最常见的是用硅来制造弹性衬底。电极层的选择会直接影响 AlN 的晶体织构，从而影响其压电性能。最常用的电极材料是具有面心立方结构的金属，如 Al、Pt 和 Au；具有像 Mo 和 W 这样的体心立方结构的定向金属；具有六角结构（如 Ti）的优选取向金属。Lee 等已通过反应射频溅射法在各种金属基底（包括 Al、Cu、Ti 和 Mo）上沉积了 AlN 薄膜，以形成 Al（顶部）/AlN/金属（底部）/Si 结构[16]。很明显，沉积在钼电极上的 AlN 薄膜显示出相对致密且织构良好的柱状结构，具有相当均匀的晶粒。

　　图 8.6 显示了压电振动能量采集器的制造过程[17]。首先，Pt、AlN、Al 薄膜依次沉积和图案化，以在 6in 绝缘衬底的硅（SOI）晶圆上形成电容器。1.2μm 的 AlN 薄层是压电材料，另外两层分别是底部和顶部电极，悬臂梁通过深度反应离子刻蚀工艺成形。接着，两个玻璃晶片被刻蚀以形成深腔，并通过使用辊涂法涂覆 SU-8 层完成封装。空腔深度选择为 500μm，以留出足够的振荡空间，同时保持空腔的结构完整性。然后将器件晶片在真空中黏合到两个玻璃晶片上并切割。封装内的真空度与晶圆对晶圆键合工艺中的真空度相同，即 $10^{-5}$mbar（1bar = 0.1MPa）。最后，每个设备都用硬胶安装在一块印刷电路板（PCB）上，并与同一 PCB 上的连接器连接。

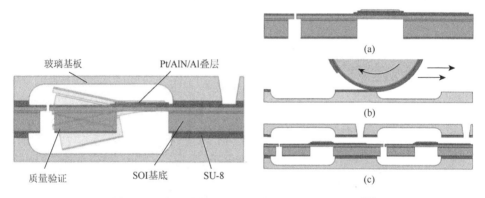

图 8.6　压电振动能量采集器截面图及工艺示意图[17]

## 8.2.3　压电厚膜制备

　　通常高压电系数的压电厚膜有利于提高输出性能。然而，使用常规的沉积方法，如溅射、CVD、PLD 或 CSD，很难在硅上获得高质量的厚膜。采用丝网印刷法可以制备出 10μm 以上的 PZT 厚膜。不幸的是，由于烧结温度低，形成的厚膜结晶不好。与块体陶瓷相比，其压电性和介电常数较差。大多数采用大块 PZT 的能量采集器具有相对较高的发电能力，但尺寸较大。最近，基于使用中间层的块体 PZT 和 Si 的低温晶片键合或芯片键合工艺以及随后的 PZT 减薄,可有效用于制备块体 PZT 厚膜[18, 19]。

# 8.3 压电结构微流控集成化

## 8.3.1 研究现状

微流控系统自 20 世纪 90 年代发展至今,已经形成了以分析化学和分析生物化学为基础的独特体系,已经能够在微流控芯片上实现对目标采样、溶液稀释、添加试剂、实验反应、材料分离、实验检测等多个功能进行集成。虽然现阶段在微流控芯片中有关微流体流动的相关理论和多种材料芯片的加工技术方面已具备一定的研究基础,但要真正实现微流控芯片的微全分析,还需要减少对检测或驱动设备的依赖程度。因此,实现微流控系统的微型化对在芯片上实现微流体控制功能部件的集成化具有重大意义。

在微流控芯片集成化领域,已实现对微泵、加热元件、微阀、温控元件等方面[20]的研究。Liu 等发明了一种用于 PCR 扩增的旋转型微流控芯片系统[21],该芯片使用 PDMS 材质,其中集成了控制通道、流体通道和三个温度区的加热元件。该芯片系统仅消耗 12nL 样品便可完成 PCR 过程,且可通过精准控制反应系统中三个温度区的温度变化来实现 PCR 扩增。Liu 等发明了一种综合 DNA 杂交、杂交洗涤功能以及 PCR 扩增的一次性芯片装置,在信用卡大小面积上的芯片上集成了全部的储液池、加热装置和反应通道[22]。2003 年,Xie 等[23]研制了一种基于聚对二甲苯表面微加工技术的蠕动式静电微泵,如图 8.7 所示。该泵以 CVD 聚对二甲苯作为结构材料,光刻胶作为牺牲层,Cr/Au 作为电极材料,与流量控制器、流量传感器和热传感器等集成在一个微流控芯片上。

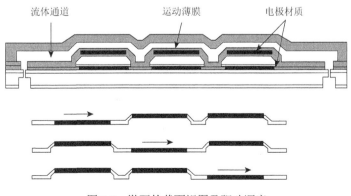

图 8.7 微泵的截面视图及驱动顺序

1. 压电型微泵的国内发展状况

在众多应用领域，压电型微泵具有传统微泵无法比拟的性能优势，故对于压电型微泵的研究被世界各国所重视。德国、美国、瑞士、日本、韩国等发达国家都十分重视压电型微泵相关的研究工作。此外，我国在压电型微泵的相关研究方面已有多年积累和探索，目前诸多成熟的压电型微泵工艺技术已经应用到社会生产的多个领域中。

2014 年王雪等设计了一种堆积 PMMA 板层的有阀、弹性腔压电微泵[24]，该泵使用 PDMS 膜作为阀片材料，由单层出、入口阀片构成一单向阀结构。因底层有高弹性塑料隔膜，在泵腔中能与流体流动时形成协同振动，进而提升驱动效率，增大背压及流量，经实验测试，泵的最大出口压力可达 23kPa，最大流量可达 105mL/min，十分适用于大流量传输领域。

2016 年黄丹等设计了一种中间紧固、四周振动型压电微泵[25]，泵下层增加了气泡腔，可防止气泡阻塞进出水通道，并通过对泵的阀体和压电材料进行仿真模拟，对泵的结构参数进行了优化，经实验测试，泵的最大流量可达 800mL/min，与同体积的微型泵相比，性能显著提高。

2017 年黄俊等设计了一种钹型、有阀压电微泵[26]，阀体由钹型膜片、钹型隔槽两层组成，并分别在进出水口放置一个阀体。通过对此泵进行理论计算和仿真分析，经实验测试，阀的最大流量可达 6.6g/min。

压电型微泵具有驱动功率低、驱动力大、工作频率宽和响应快等优点，但是压电式微泵需要较高的驱动电压，且制作工艺比较复杂。目前，对压电型微泵的研究工作主要集中在降低制作工艺的难度、对压电微泵结构的设计和优化等方面，不断提升微泵性能。

2. 压电型微泵的国外发展状况

日本学家樽崎哲二于 1978 年首次发现压电型微泵雏形并提出相关研究理论[27]，其设计的单腔有阀压电微泵能够实现泵送流体的功能[28]。该结构作为最初期的压电微泵，已具备了泵腔、泵体、压电振子、单向截止阀等关键结构，能够实现振子的下凹和上凸，并实现流体的输送。

美国学者 Lee 设计了一种主动阀型压电微泵，其结构主要由碟片形主动阀片、压电堆叠驱动部件、泵体、塑料隔膜构成。碟片形主动阀片的结构为金属基板与压电材料相互结合，通过控制压电材料输送电压的大小，实现对两个主动阀的控制，控制主动阀型压电微泵的开启与关闭，经过测试发现此泵在电压为 1V 时，流量可达 206mL/min，压力可达 8.2MPa，其结构图如图 8.8 所示[29]。

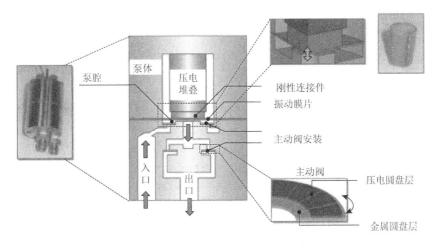

图 8.8  压电碟片形主动阀型压电微泵

2015 年，德国学家 Thoma[30]设计出一种基于压电塑料薄膜的微泵，这种泵有四个工作室，通过控制每个压电振子振动的相位差，来带动流体单向流动，在泵的实验过程的同时对其结构参数进行了优化，这种泵能对各种有机物质进行输送，能精确控制流量且成本较低，其结构如图 8.9 所示。

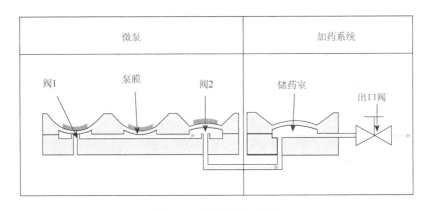

图 8.9  多腔型压电微泵

通过观察蚊虫吸血时吸管的构造，韩国学家 Lee 设计了一种双腔无阀压电微泵，泵由两个腔室组成，并通过带有倾斜角度的收缩扩张管推动流体单向流动，实验研究显示，泵送流体时，改变两压电制动部件的相位差，当相位差为180°时，其流量能达到最大，选用不同黏度的液体进行实验时，结果显示液体的黏性越大，其泵送效果越好，表明这种泵比较适用于输送黏度高的液体，结构如图 8.10 所示[31]。

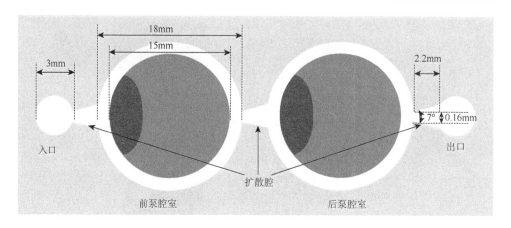

图 8.10　双腔无阀压电微泵

## 8.3.2　微流体控制功能部件的集成化

在微流体流动以及微流控芯片领域,已有各种材质芯片的加工技术及传质理论的相关研究,但是减少对外围设备和检测系统的依赖是实现芯片的微全分析、微系统的集成化的核心。因此,建立集成化的芯片系统是微流控芯片分析系统主要发展趋势,将分析体系中微流体、机械部件、电子元器件及检测装置集成在芯片系统上。因此微流控系统的集成化是一个复杂度极高的系统。

### 1. 集成加热元件的 PCR 微芯片

在芯片上实现微流体控制功能部件的集成化,对实现整个微流控分析系统的微型化功能具有重要意义。用于 PCR 扩增的芯片有 PDMS 材质加工而成旋转型微流控芯片系统,其中集成了控制通道、流体通道和加热元件。该芯片系统完成 PCR 过程只需消耗 12nL 样品。处于中间层的流体通道主要用于 PCR 扩增反应,而上层的控制通道作为液流驱动系统,有微控制阀和起蠕动泵,通过溅射技术到底层的玻璃片上集成了加热元器件。实现 PCR 扩增的重要因素是准确控制反应系统中三个温区中的温度,该系统通过直接测得的通道中的溶液温度与负载到加热元件上的电流之间的关系可调控体系中温度。

### 2. 集成微型阀和加热、温控元件的微芯片

Liu 等设计出一种集 DNA 杂交、杂交洗涤功能和 PCR 扩增于一体的芯片装置,在信用卡大小的芯片上集成了全部的加热装置、储液池及反应通道。集成芯片系统由 $CO_2$ 激光器用聚碳酸酯微加工而成,采用胶黏封接和热封接相结合的方式进行封接。液流驱动及集成的加热、微通道结构等元件如图 8.11 所示[32]。

系统通过基于 Pluronics F127 材料的相变阀实现一次性控制液流的导通。在 0～5℃ 低温条件下材料是低黏度液体，但是在室温下材料则形成可承受足够压力的固相液晶凝胶。因此，该材料也被制成可将反应液体保持在反应室中实现 PCR 扩增的微阀，由连接在芯片系统中的注射泵完成通道中的试剂输送，帕金斯贴控制 PCR 芯片的加热和冷却。

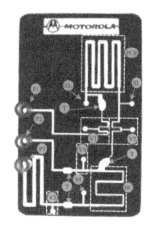

图 8.11　集成微型阀和温控元件的微流控芯片

### 3. 集成微流控功能部件的微芯片

Moore 等研制了一种用 PDMS 材料制得的压力控制集成化微芯片细胞分离分析器[33]。上面集成许多微流控功能，包括输入输出口、节气阀、蠕动泵以及开关阀等。整个系统由含阀和泵的控制线路及流体线路组成。三个尺寸相同的节气阀仅用于消除泵液过程中的流体扰动。系统中所集成的微型阀的有效体积可控制到 1pL。

### 4. 压电微泵微驱动器

微泵驱动方式有压电、静电、磁性流体、形状记忆合金等。从输出功率、结构紧凑性和响应速度的角度考虑，压电驱动的特点更为突出。

Smits 等在 1990 年对压电薄膜驱动的蠕动泵进行了研究[34]，其发明的蠕动泵流量 3μL/min，工作电压 80V，工作频率 15Hz。

瑞典 Olsson 等在 1997 年设计了双腔室微泵[35]，通过实物研究微泵，最大流量为 2.3mL/min，频率为 3～4kHz，驱动电压为 145V，背压达到 74kPa，如图 8.12 所示。

图 8.12　无阀压电微泵

吉林工业大学压电驱动技术研究室于 1998 年发明一种无阀压电泵[36]。其主要用圆形复合型压电振子驱动,通过扩张管/收缩管代替普通的机械式单向阀。

吴博达等于 2000 年设计出以铝为泵体材料的平板式无阀压电泵[37],采用锥形阀为阀门。当工作在 19Hz 下,锥形角在 5°~12°之间时,所制作的压电泵具有良好的工作性能。当工作频率为 19Hz,驱动电压为 120V,锥形角为 11.3°时,泵的进、出水口压力差可达 235.2Pa。

目前,无阀压电泵的性能随着国内外研究的深入也不断提高。但是,无阀压电微泵还处于实验研究阶段。微泵在研究和使用中存在着许多问题,其中包括泵体材料、驱动部件的选择和加工等问题。因此,微泵产业化的必要条件是选择易于加工的材料和驱动性能优良的执行部件作泵体。

# 8.4　压电结构的应用

1978 年,压电泵模型由日本学者蹲崎哲二等提出[38]。之后,在 1980 年 Smits 等提出了压电蠕动泵[39]。荷兰 Twente 大学在 1983 年开始通过薄膜技术及硅微加工技术研制出微型压电驱动泵[40]。在微型泵及其在微流量系统中的应用方面,清华大学对其进行许多研究,研制了压电驱动式微型喷雾器等微流量系统[41];在压电泵研究领域,吉林大学不断取得新的成果,不但研发出最小流量达到微升的高精密压电泵,而且研发出了可应用于计算机水冷系统的大流量压电泵[42]。随着科技的发展,压电泵的研究成果开始应用于 MEMS 等科学领域;压电控制与驱动技术也得到发展。部分压电泵已经开始产业化、商品化生产,压电泵主要应用于以下几个领域。

## 8.4.1　压电材料在电气传感器件工程中的应用

基于压电振动传感器的振动分析是一种状态监测的重要手段,通过安装在电力设备表面的振动传感器获得振动信号,从中提取特征量后结合数据处理及故障诊断方法,有效评估运行状态,被广泛应用于电力设备在线监测或临时性检测。压电振动传感器是感知振动信号的一类传感器件,按用途可分为压电振动传感器、压电力传感器、压电力矩传感器、压电应力传感器等,其中压电振动传感器使用最为广泛。压缩式压电振动传感器如图 8.13 所示。其由弹簧、压电元件、螺栓、基座、质量块等构成,压电材料位于基座和质量块之间,螺栓起机械支撑作用。

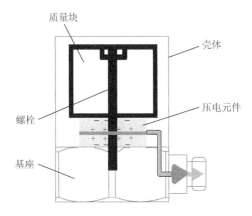

图 8.13　压缩式压电振动传感器

石维等[43]通过固相烧结法制备了 0.02BiGaO₃-0.32BiScO₃-0.66PbTiO（BGSPT66）高温压电陶瓷，居里温度可达 465℃，压电系数 $d_{33}$ 约 320pC/N，并设计了如图 8.14 所示的压缩式双振子高温压电振动传感器，在 20～200℃温度区间内，灵敏度可保持在 18mV·s²/mm 左右。

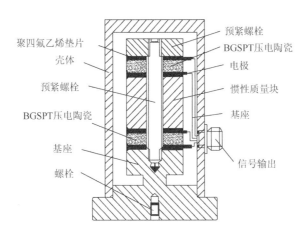

图 8.14　压缩式双振子高温压电振动传感器

黄新波等[44]基于压电振动传感器[频率响应区间 1.5Hz～10kHz，灵敏度（100±10）mV/g]，设计出输电导线微风振动传感系统，可实现对振动幅度 0.1～1.5mm、振动频率 1～150Hz 的导线振动信号的准确测量，并且可以得到导线动弯应变值。

此外，研究者[45]选用 PVDF 压电振动传感器监测 SZ451 型（正伞型）500kV 双回路高压输电杆塔固有振动频率的变化，进而评估杆塔机械强度。另有研究人员[46]将 PZT 压电振动传感器用于螺栓松动检测，利用压电导纳谱的峰值频率表征螺栓预紧力状态。

由于压电材料和基座直接连接，压缩式振动传感器一般能承受很大的加速度冲击，在强冲击下，压电材料形变和基座应变会导致传感器输出信号发生温度漂移和零点漂移。选取弹性模量较高的材料或者选用剪切式压电振动传感器（基座不与压电材料直接接触），可在一定程度抑制漂移现象。

剪切式压电振动传感器如图 8.15 所示。压电敏感元件处于质量块和中心柱之间，采用螺栓或压缩环产生预压力。质量块在接收外部振动时，产生的剪切应力可以在敏感元件上产生直接作用。由于传感器基座和敏感元件分离，故敏感元件几乎不受温度影响。一般情况下，剪切型加速度表现出更高的温度瞬态响应灵敏度和基座应变灵敏度。

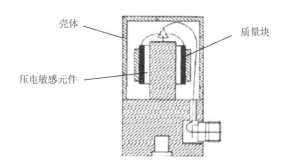

图 8.15　剪切式压电振动传感器

除以上典型压电振动传感器，针对复杂空间测量需求，研究者还研发了三轴振动传感器和多模式混合振动传感器。基于 PNN-PZT 压电材料，Gao 等[47]设计了同时具有多振动模式的钹形压电传感器；基于 PZT 压电薄膜，Han 等设计出四悬臂梁弯曲式三轴振动传感器，X、Y、Z 三轴的电荷灵敏度分别为 23.85pC/g、4.62pC/g 和 4.62pC/g，谐振频率为 230.46Hz。

除振动信号外，对于压电传感器声波信号也可实现与电信号的耦合、转换[48]。根据声波激励、传播和耦合方式的不同，压电声传感器可分为声表面波传感器、压力波传感器、电声脉冲传感器、压电超声传感器等。超声传感器根据传感器耦合方式可分为接触式和非接触式，如图 8.16 所示。接触式超声传感器主要用于组合电器、变压器等大型电力设备监测，非接触式超声传感器则主要用于开关柜、电力电缆等电力设备检测。

由于受安装不当、制造工艺因素等限制，电力设备会出现内部气泡、表面裂纹、表面附着物等缺陷，进而产生局部放电。通过在设备附近或电力设备外壳安装压电超声传感器（图 8.17），可以对局部放电产生的超声信号进行收集，进而对电力设备放电情况进行判定。

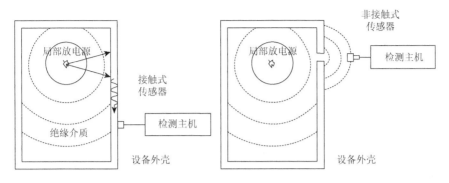

图 8.16 超声传感器的两种检测形式

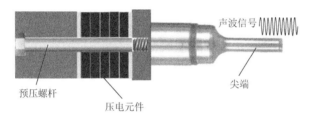

图 8.17 压电超声传感器

黎大健等[49]以 220kV 的气体绝缘开关设备（gas insulated switchgear，GIS）母线腔体为研究对象，模拟了金属突起和金属悬浮等缺陷，使用谐振频率 30kHz 的压电超声传感器，通过对比超声信号时域波形、频谱、相位分辨的局部放电（PRPD）图谱中特征量，实现对产生局部放电的缺陷类型的判断，检测灵敏度达到 10pC。李继胜等[50]对于电力变压器局部放电的精准定位问题，基于超声波传感器和相控阵信号处理技术，设计出 16×16 阵列的平面超声波相控阵压电传感器，传感器中心频率为 150kHz，带宽达到 100kHz。使用油间隙放电和压电声源等模拟实验对传感器阵元的性能进行测试，发现该传感器对变压器局部放电产生的超声波信号能够进行灵敏接收和定位。但具体应用时，仍需对超声波传播时产生的反射、折射等复杂问题开展进一步研究。

此外，压电超声传感器也广泛应用于电力设备内部缺陷检测，其原理为通过检测超声导波在试件中的传播特性，实现对各种材料试件的宏观缺陷、组织结构、力学性能变化的检测和表征，具有灵敏度高、衰减小、可定位的优点，受到研究者密切关注。

马君鹏等[51]基于压电超声导波理论，提出了一种盆式绝缘子缺陷检测及定位方法。检测装置如图 8.18（a）所示，包括超声导波检测仪、上位机和 7 个压电超声传感器（1 个谐振频率为 100kHz，用于产生激励导波信号的发射型传感器，6 个进行导波信号接收的接收型传感器）。通过分析 Lamb 波在盆式绝缘子中的传播特性

[图 8.18（b）和（c）]，实现对绝缘子内部气泡、外部附着物及裂纹等缺陷的检测，且能够在微小缺陷引起局部放电等其他故障前及时预警，并精确定位缺陷位置，为盆式绝缘子损伤机理的研究和材料、工艺及安装方法的改进提供数据基础。

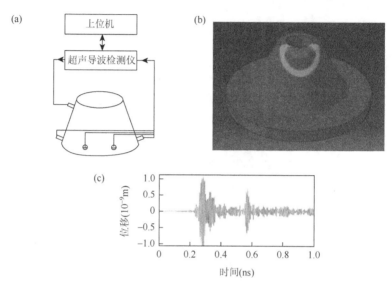

图 8.18　基于压电超声导波检测绝缘子缺陷：（a）导波检测实验；（b）导波传播特性；
（c）导波图谱

　　另有研究者同样基于超声导波技术，设计了如图 8.19 所示的 PZT-5 压电超声传感器件组，用于输电线杆塔拉线棒缺陷的无损检测[52]。通过对拉线棒中超声导波传播特性分析，选取 $L(0, 1)$ 模态研究了不同截面损失率下缺陷和端面回波幅值的对应关系，实现了对拉线棒缺陷的准确识别。

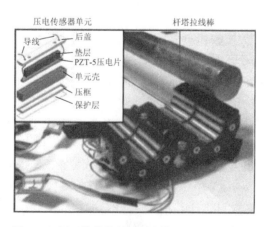

图 8.19　用于拉线棒缺陷检测的压电超声传感器

### 8.4.2 压电泵在微流控方面的应用

压电泵具有体积小、性能稳定、可控性高、易集成等特性，可作为微流控芯片的反应动力源或者微流体输送装置，故压电泵可应用在微流控芯片中[53]。刘国君等[53]研究设计出一种基于压电驱动的 PDMS 集成式微流体反应器。它将微混合反应流道、压电泵集成在同一块 PDMS 基片上，如图 8.20 所示。

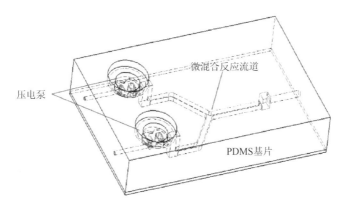

图 8.20 微流体反应器结构简图

压电泵作为微流体反应器的驱动源，为反应器提供混合的动力，并输送反应溶液。微流体反应器可以利用压电泵的可控性实现对输送流体的速度及脉冲的控制，进而实现多种主动混合模式。

此外，在微型电子器件或者电子芯片的冷却系统领域，压电泵可以作为液冷系统的驱动元件。图 8.21 展示了一种压电驱动式计算机 CPU 水冷系统，该系统把换热器、水泵、散热片、水冷块集成在一起，水泵为冷却液在系统中循环提供动力。

图 8.21 压电驱动式计算机 CPU 水冷系统

### 8.4.3 压电材料在其他领域的应用

压电材料可以用作能量收集器、传感器和作动器等。如果将压电材料研制成可移动的能量收集设备，像使用寿命有限的电池一样，应用尤其广泛，是自发电能源。压电材料最常用作传感器。一些轻质结构容易发生振动，压电作动器已被用于这些结构的减振。

在众多智能材料中，压电材料毫无疑问是研究最充分、技术最成熟、应用最广泛的智能材料。无论是厚重坚硬的压电陶瓷或合金，还是轻质柔软的聚合物，无论是导体还是半导体，无论体积大还是小，无论低频还是高频，都能找到压电材料的踪影或应用。常见的压电材料可分为压电晶体（如石英晶体）、压电陶瓷（如锆钛酸铅）以及压电聚合物（如聚偏氟乙烯）三大类，三类压电材料各有优缺点，在不同领域都有独特的应用价值。压电材料最显著的特点是存在力电耦合效应：在机械荷载的作用下会出现表面电荷并在体内形成电场（正压电效应），也可以在电场作用下产生变形（逆压电效应）。这一力电耦合特性赋予了压电材料在电能和机械能之间进行转换的能力，从而在换能器、传感器和激励器等应用中大显身手。与其他智能材料相比，压电材料具有响应速度快、控制精度高、体积小、市场大、价格便宜等突出优点。

# 8.5　小　　结

为了减少化石燃料和可再生能源的过度消耗，压电材料有望成为 21 世纪以来能源采集领域最重要的功能材料。除了零碳排放和无忧电池系统外，相应的材料还具有更大的功能性，可以从不需要的机械振动源获取能量。这些系统能够提供更清洁的电源、明显的便利，显著节省时间。

本章综述了近年来压电结构在微流控集成化方面的国内外研究新进展。建立集成化的芯片系统是微流控芯片分析系统主要的发展趋势之一。利用微流控技术不仅可以实现在一块芯片上集成众多的必需组成部分以及相关的功能，而且可以将分析体系中微流体流控、电子元器件、机械部件等相关装置集成在芯片系统上，从而为微流体功能部件集成化的研制和设计提供全新的指导和思路。为了促进压电材料的微流控制备技术在电气传感、微流控芯片、电子冷却系统等领域的进一步创新和产业化应用，还需要深入地、系统地研究微型泵、压电泵等压电结构设备以及设备的发明机理、使用方法及拓展功能，进一步探索、发现和创造优异性能压电材料，以及研究功能强大、应用广泛的压电结构装置，设计开发出更加适于工业化生产的压电材料装置等。

## 参 考 文 献

[1]　Erturk A，Inman D J . Piezoelectric Energy Harvesting[M]. Chichester：Wiley，2011.

[2]　Bowen C R，Dent A C，Stevens R，et al. A new method to determine the un-poled elastic properties of ferroelectric materials[J]. Science & Technology of Advanced Materials，2017，18（1）：253-263.

[3]　Zhou S，Lin D，Yongming S U，et al. Enhanced dielectric，ferroelectric，and optical properties in rare earth elements doped PMN-PT thin films[J]. Journal of Advanced Ceramics，2021，10（1）：98-107.

[4]    Zi Y, Zhong L W. Nanogenerators: An emerging technology towards nanoenergy[J]. APL Materials. 2017: 5: 74103-074103-13.

[5]    Mishra S, Unnikrishnan L, Nayak S K, et al. Advances in piezoelectric polymer composites for energy harvesting applications: A systematic review[J]. Macromolecular Materials and Engineering, 2018, 304 (1): 1800463-n/a.

[6]    Cao T, Wang G, Han W, et al. Valley-selective circular dichroism of monolayer molybdenum disulphide[J]. Nature Publishing Group. 2012, 3: 887.

[7]    Wu W Z, Wang L, Li Y L, et al. Piezoelectricity of single-atomic-layer MoS$_2$ for energy conversion and piezotronics[J]. Nature, 2014, 514 (7253): 470-474.

[8]    Fang J, Wang X, Lin T. Electrical power generator from randomly oriented electrospun poly (vinylidene fluoride) nanofibre membranes[J]. Journal of Materials Chemistry, 2011, 21 (30): 11088-11091.

[9]    Pan C T, Kun Y C, Wang S Y, et al. Near-field electrospinning enhances the energy harvesting of hollow PVDF piezoelectric fibers[J]. RSC Advances, 2015, 5 (103): 85073-85081.

[10]   Liu H, Zhong J, Lee C, et al. A comprehensive review on piezoelectric energy harvesting technology: Materials, mechanisms, and applications[J]. Applied Physics Reviews, 2018, 5 (4): 41306.

[11]   Li W B, Zhao S, Wu N, et al. Sensitivity-enhanced wearable active voiceprint sensor based on cellular polypropylene piezoelectret[J]. ACS Applied Materials & Interfaces, 2017, 9 (28): 23716-23722.

[12]   Cha S N, Seo J S, Kim S M, et al. Sound-driven piezoelectric nanowire-based nanogenerators[J]. Advanced Materials, 2010, 22 (42): 4726-4730.

[13]   Kim J K, Kim N K, Park B O. Effects of ultrasound on microstructure and electrical properties of Pb(Zr$_{0.5}$Ti$_{0.5}$)O$_3$ thin films prepared by sol-gel method[J]. Materials Letters, 1999, 39 (5): 280-286.

[14]   Desu S B, Vijay D P. Novel fatigue-free layered structure ferroelectric thin films[J]. Materials Science & Engineering B, 1995, 32 (1-2): 75-81.

[15]   Liu H C, Tay C J, Quan C, et al. Piezoelectric MEMS energy harvester for low-frequency vibrations with wideband operation range and steadily increased output power[J]. Journal of Microelectromechanical Systems, 2011, 20 (5): 1131-1142.

[16]   Okamoto K, Inoue S, Matsuki N, et al. Epitaxial growth of GaN films grown on single crystal Fe substrates[J]. Applied Physics Letters, 2008, 93 (25): 2849.

[17]   Wang Z, Elfrink R, Rovers M, et al. Shock reliability of vacuum-packaged piezoelectric vibration harvester for automotive application[J]. Journal of Microelectromechanical Systems, 2014, 23 (3): 539-548.

[18]   Lu W, Jda B, Zja B, et al. A packaged piezoelectric vibration energy harvester with high power and broadband characteristics[J]. Sensors and Actuators A: Physical, 2019, 295: 629-636.

[19]   Lei A, Xu R, Thyssen A, et al. MEMS-based thick film PZT vibrational energy harvester[C]. IEEE, 2011.

[20]   Fu A Y, Chou H P, Spence C, et al. An integrated microfabricated cell sorter[J]. Analytical Chemistry, 2002, 74 (11): 2451-2457.

[21]   Liu J, Enzelberger M, Quake S. A nanoliter rotary device for polymerase chain reaction[J]. Electrophoresis, 2015, 23 (10): 1531-1536.

[22]   Liu Y, Rauch C B, Stevens R L, et al. DNA amplification and hybridization assays in integrated plastic monolithic devices[J]. Springer Netherlands, 2002, 74 (13): 3063-3070.

[23]   Xie J, Shih J, Tai Y-C. Integrated Parylene Electrostatic Peristatic Peristaltic Peristaltic Pump [C]. muTAS 2003 International Conference on Miniaturized Chemical and Biochemical Analysis Systems, 2003, v.1: 20031005-20031009.

[24] 刘小峰，张翔，王雪. 基于 EEG 去趋势波动分析和极限学习机的癫痫发作自动检测与分类识别[J]. 纳米技术与精密工程，2015（6）：397-403.

[25] 黄丹. 振子中心固定式大流量压电泵的研究[D]. 合肥：中国科学技术大学，2016.

[26] 黄俊，朱宜超，施卫东，等. 钹型开槽式阀压电泵的设计[J]. 光学精密工程，2017，25（11）：9.

[27] Qiao S P，Liang G H，Fang S H，et al. Piezoelectric micropump using dual-frequency drive[J]. Sensors and Actuators A：Physical，2015，229：86-93.

[28] Lee S，Kang B J，Lee J，et al. Nonlinear optical salt crystals: single crystals based on hydrogen-bonding mediated cation—anion assembly with extremely large optical nonlinearity and their application for intense thz wave generation（advanced optical materials 10/2018）[J]. Advanced Optical Materials，2018，6（10）：1870039-n/a.

[29] 彭太江，杨志刚，程光明，等. 双腔体压电泵的设计[J]. 光学精密工程，2009，17（5）：8.

[30] Thoma F，Goldschmidtboing F，Woias P. A new concept of a drug delivery system with improved features[J]. Micromachines，2014，6（1）：80-95.

[31] Lee S C，Hur S，Kang D，et al. The performance of bioinspired valveless piezoelectric micropump with respect to viscosity change[J]. Bioinspiration & Biomimetics，2016，11（3）：036006.

[32] Liu Y，Ganser D，Schneider A，et al. Microfabricated polycarbonate CE devices for DNA analysis[J]. Analytical Chemistry，2001，73（17）：4196-4201.

[33] Schneider T，Karl S，Moore LR，et al. Sequential CD34 cellfractionation by magnetophoresis in a magnetic dipole flow sorter[J]. Analyst. 2010；135：62-70.

[34] Baskaran V，Smits A J，Joubert P N. A turbulent flow over a curved hill. Part 2. Effects of streamline curvature and streamwise pressure gradient[J]. Journal of Fluid Mechanics，1991，232（1）：377-402.

[35] Olsson A，Enoksson P，Stemme G，et al. Micromachined flat-walled valveless diffuser pumps[J]. Journal of Microelectromechanical Systems，1997，6（2）：161-166.

[36] 程光明，铃木胜义. 锥形阀压电薄膜泵的初步研究[J]. 压电与声光，1998，20（5）：5.

[37] 吴博达，李军，程光明，等. 平板式无阀压电流体泵的初步研究[J]. 压电与声光，2001，（4）：256-258.

[38] Spencer W J，Corbett W T，Dominguez L R，et al. An electronically controlled piezoelectric insulin pump and valves[J]. IEEE Transactions on Sonics and Ultrasonics，1978，25（3）：153-156.

[39] Kim B H，Lee H S，Kim S W，et al. Hydrodynamic responses of a piezoelectric driven MEMS inkjet print-head[J]. Sensors & Actuators A Physical，2014，210：131-140.

[40] Lee K S，Kim B，Shannon M A. An electrostatically driven valve-less peristaltic micropump with a stepwise chamber[J]. Sensors and Actuators A：Physical，2012，187：183-189.

[41] 刘长庚，周兆英，王晓浩，等. 压电驱动微型喷雾器的研究[J]. 压电与声光，2001，23（4）：3.

[42] 姜德龙. 多腔串联压电泵结构设计及关键技术研究[D]. 长春：吉林大学，2013.

[43] 石维，朱建国，肖定全，等. 基于 BGSPT 压电陶瓷的高温加速度传感器[J]. 压电与声光，2013，35（4）：4.

[44] 黄新波，潘高峰，司伟杰，等. 基于压电式加速度计的导线微风振动传感器设计[J]. 高压电器，2017，53（4）：8.

[45] 张发祥，吕京生，姜邵栋，等. 高灵敏抗冲击光纤光栅微振动传感器[J]. 红外与激光工程，2016，45（8）：6.

[46] Tao W，Shaopeng L，Junhua S，et al. Health monitoring of bolted joints using the time reversal method and piezoelectric transducers[J]. Smart Materials & Structures，2016，25（2）：025010.

[47] Gao X Y，Wu J G，Yu Y，et al. Giant piezoelectric coefficients in relaxor piezoelectric ceramic PNN-PZT for vibration energy harvesting[J]. Advanced Functional Materials，2018，28（30）：1706895.

[48] Wu M，Chen X，Su L，et al. Ultrasonic based contactless power transfer for gate driver supplies of full bridge

module[C]. 2018 International Conference on Power System Technology（Powercon），2018.

[49] 黎大健，梁基重，步科伟，等. GIS 中典型缺陷局部放电的超声波检测[J]. 高压电器，2009，45（1）：72-75.

[50] Li J S，Luo Y，Li Y . Study of phased-ultrasonic receiving-planar array transducer for partial discharge location in power transformer[J]. Journal of Xi'an Jiaotong University，2011，45（4）：93-99.

[51] Ma J P，Sun X，Shuo L I，et al. Detection and location for defects of basin-type insulator based on ultrasonic guided wave[J]. High Voltage Engineering，2019.

[52] 刘云柱. 输电线杆塔拉线棒缺陷超声导波检测方法研究[D]. 北京：北京工业大学，2013.

[53] 赵天，杨志刚，刘建芳，等. 利用压电微泵驱动和脉动混合可控合成金纳米粒子[J]. 光学精密工程，2014，22（4）：7.

# 第 9 章　光学超构材料

近年来，随着负折射率效应、超透镜成像和隐身斗篷等一系列理论和实验工作的发表，光学超构材料吸引了世界上来自光学、电磁学、信息科学及微纳加工等各个领域的学者的广泛关注。我们可以突破自然材料的电介质常数和磁导率常数的限制，任意设计光学超构材料的参数，以更加自由地控制电磁波的传输。9.1 节介绍光学超构材料的原理和发展历程；9.2 节介绍基于超构材料操控电磁波的厄米性方式和非厄米性方式；9.3 节介绍光学超构材料的多种加工制备方法；9.4 节将介绍光学超构材料在微流控中的应用。

## 9.1　光学超构材料简介

电磁波在各种介质的传播性质是通过著名的麦克斯韦方程来描述的，如下：

$$\nabla \cdot E = \frac{\rho}{\varepsilon_0} \tag{9.1}$$

$$\nabla \cdot B = 0 \tag{9.2}$$

$$\nabla \times E = -\frac{\partial B}{\partial t} \tag{9.3}$$

$$\nabla \times B = \mu_0 J + \mu_0 \varepsilon_0 \frac{\partial B}{\partial t} \tag{9.4}$$

在方程中，用介电常数 $\varepsilon$ 和磁导率常数 $\mu$ 两个参数来描述材料对电磁波的影响。原则上，如果确定材料的 $\varepsilon$ 和 $\mu$，便可计算分析电磁波在材料内部和两个材料分界面的各种传播性质。以材料的介电常数和磁导率建立坐标系，可区分出四种不同的材料，如图 9.1 所示。其中第一象限材料，介电常数和磁导率都为正值，即常见的电磁波介质材料，在自然界中普遍存在。第二象限材料，介电常数为负值，而磁导率为正值，又称电负材料，包括等离子体和在共振频率附近的金属。第三象限的材料，介电常数和磁导率都为负值，在自然界中并不存在。第四象限材料，介电常数为正值，而磁导率为负值，部分铁磁材料在微波频率的磁导率为负。

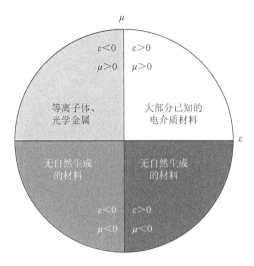

图 9.1　根据材料的介电常数和磁导率的正负进行分类

1967 年，苏联的物理学家 Veselago 首先研究了第三象限材料，即 $\varepsilon$ 和 $\mu$ 都是负数的材料[1]，从理论上证明了电磁波在这类材料与正常材料的界面上会发生负折射效应，因此他把这类材料称为负折射材料，又称左手材料。如图 9.2 所示，Veselago 还预测了负折射材料的一些特殊的电磁特性，包括负折射现象、反多普勒效应以及反切伦科夫效应等。

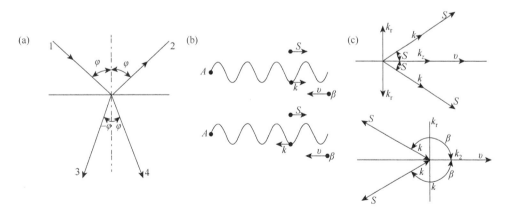

图 9.2　（a）负折射现象；（b）反多普勒效应；（c）反切伦科夫效应

左手材料很难在自然材料中实现，关于左手材料的研究长期处于理论探索阶段，而一些单负材料（具有负的介电常数或负的磁导率的材料）陆续实现。例如，Pendry 等利用金属圆柱周期结构实现了负的介电常数[2, 3]，即 $\varepsilon < 0$。后来，

Pendry 等利用金属开口圆环共振器（split ring resonator，SRR）实现了负的磁导率（$\mu<0$）。这两个工作为左手材料的实现奠定了基础。2000 年，Smith 将金属圆柱周期结构和 SRR 结构结合，设计出一种新的复合结构[4, 5]。

超构材料的概念首先由美国得克萨斯大学奥斯汀分校的 Rodger M.Walser 教授提出[6]，他将超构材料定义为：一种人造的、三维的、具有周期性构造的复合光学材料；这种材料中具有两种或两种以上的元激发。这一定义的前半段是自然材料同样具备的性质，后半段则表明，除了构建超构材料本身的物质材料与光波产生的元激发，也产生了源自超构材料特殊结构的元激发。这是超构材料区别于一般复合材料的最重要的特征。由于超构材料结构单元的几何尺寸及它们之间的距离比光的波长小很多[7]，因此对于光波来说，由这些单元组成的宏观体系可以看作是连续的等效介质。相应地，超构材料的性质可用两个等效的参数 $\varepsilon_{\text{eff}}$ 和 $\mu_{\text{eff}}$ 描述，科学家可通过调节它的复合结构来自由调控材料中的 $\varepsilon_{\text{eff}}$ 和 $\mu_{\text{eff}}$，从而得到想要的性质。这种可调节性是超构材料独有的优势[8]。

## 9.2　厄米性与非厄米性超构材料

一般来说，基于超构材料实现对电磁波的操控方法主要分为两类：一类是通过超构材料的实部参数；另外一类是通过超构材料的虚部参数。前者基本忽略材料中增益和损耗的影响，电磁波的传输主要由超构材料的实部参数支配，因此属于厄米性光学系统；而后者由于引入了材料的增益和吸收，电磁波的传输主要由超构材料的虚部参数支配，因此属于非厄米性光学系统[9, 10]。

在厄米性光学系统中，基于超构材料操控电磁波的方法有很多，其中最著名的是变换光学[11]，基于坐标变换理论，人们可以获得具体的电磁参数来实现对电磁波的传播路径的精确控制。基于超构材料的设计理念，人们设计出许多在自然界中无法获得的电磁材料，如负折射率材料、零折射率材料以及各向异性材料等。

在一个具有增益和损耗的量子系统中，有效的哈密顿量一般是一个非厄米性算符，导致能量本征值是一个复数。类似地，当增益和损耗引入到超构材料中时，光学系统将成为一个非厄米性的系统。在非厄米性光学系统中，基于超构材料操控电磁波的方式大致可以分为以下几类：损耗系统、PT 对称性、空间Kramers-Kronig 关系等。

### 9.2.1　厄米性系统——梯度超构材料

梯度超构材料（gradient metamaterials，GMs）作为一类特殊的超构材料，以其性质在空间上连续变化为特点，是体光学和平面光学的一个较好的发展路径。

它可以分为三类：梯度超表面（GMSFs）、梯度折射率超材料（GIMs）和梯度金属光栅（GMGs）。

　　GMSFs 是具有周期性工程结构的超表面，具有空间变化的梯度特性（如大小、几何和方向）。其空间变化的梯度分布可用于控制光的相位、偏振和动量等参数，以观察新现象和实现新型平面器件。复旦大学的周磊教授课题组发现，通过设计尺寸渐变的"H"结构单元来构建反射型的超薄表面，可以高效实现入射波向束缚在 GMSFs 上的表面波的转化[11]。按照类似的机理，GMSFs 还可以用来实现光学聚焦、光学成像以及光学隐身等。

　　GIMs 是一种材料折射率随空间变化的超构材料，与 GMSFs 相比，其结构尺寸较大，电磁参数可以在宏观上表达。GIMs 可以用来实现平板透镜、光线偏折、地毯式隐身等现象。

　　基于 GMSFs 的设计方案，在周期性狭缝中填充不同折射率的材料，使一个周期单元覆盖 $2\pi$ 相位变化范围，即构成了 GMGs 结构，在该结构中，广义折射定律无法一直起效。当入射角小于临界角时，入射电磁波转化为表面波，广义折射定律有效；然而当入射角大于这个临界角时，广义折射定律失效，入射电磁波以一个金属光栅的高级次模式透射出去，这一机理需要进一步的探索研究。

## 9.2.2　厄米性系统——零折射率超构材料

　　零折射率介质是指电磁波相位不发生任何变化的介质。也就是说，波在出射边界处的相位与入射边界处的相位相同。到目前为止，已经开发出几种不同类型的超材料，它们的材料折射率接近于零，$n=\sqrt{\varepsilon\mu}\approx 0$，因此称为零折射率超构材料（ZIM）[12,13]，它可分为介电常数近零超材料（ENZ）和磁导率近零超材料（MNZ）。

　　分析麦克斯韦旋度方程，从方程 $\nabla\times E=\mathrm{i}\omega\mu H$ 可知，对于 MNZ 材料，由于 $\mu\approx 0$，为了保证磁场 $H$ 的值不是无穷大，电场的旋度要满足 $\nabla\times E\approx 0$。于是电场 $E$ 接近是一个常数，在空间中均匀分布。从方程 $\nabla\times H=\mathrm{i}\omega\varepsilon E$ 可知，对于 ENZ 材料，由于 $\varepsilon\approx 0$，为了保证有限的电场 $E$，磁场的旋度要满足 $\nabla\times H\approx 0$，于是磁场 $H$ 接近是一个常数，在空间中均匀分布。

　　ENZ 和 MNZ 材料有广泛的应用领域，包括天线增益增强、电磁隐身、四波混频等非线性应用、二次谐波的产生和单向传输、ZIM 腔、PT 对称等。

## 9.2.3　非厄米性系统——PT 对称超构材料

　　在量子力学中，具有厄米性的哈密顿量对应物理系统中实的特征值。然而，1998 年 Bender 等[14]发现，在满足宇称时间对称（parity-time symmetry，PT 对称）

的非厄米哈密顿量中，实特征值谱也可以表现出来，其中 P 和 T 分别意味着空间反演和时间反演。在光学框架下，通过对材料中的损耗和增益进行空间调制，当满足复折射率分布，即 $n(x) = n(-x)^*$ 时，PT 对称性的概念可以从量子力学完美地转换到光学领域。

例如，在一个增益损耗的耦合系统中（图 9.3），其有效哈密顿量可以写为 $H = \begin{bmatrix} a-\mathrm{i}b & g \\ g & a+\mathrm{i}b \end{bmatrix}$，这样的哈密顿量是非厄米的，但满足 PT 对称，其中 $b$ 是增益和损耗的值大小，$g$ 是耦合系数。

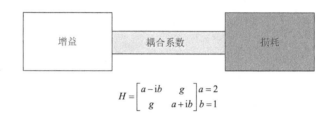

$$H = \begin{bmatrix} a-\mathrm{i}b & g \\ g & a+\mathrm{i}b \end{bmatrix} \begin{matrix} a=2 \\ b=1 \end{matrix}$$

图 9.3　增益损耗耦合系统的示意图；下边矩阵是其有效哈密顿量

将 PT 对称性应用到材料中，已经显示出许多有趣的特征，如单向不可见现象、相干完全吸收、光传输的非互易性、PT 散射构型、特殊的非线性效应。

## 9.2.4　非厄米性系统——共轭超构材料

通过对超构材料中的电磁参数实部的控制可以得到梯度超构材料和零折射率超构材料。而在另一方面，超构材料的虚部（对应于材料增益和损耗）也对电磁波传播行为产生了重大的影响，一种利用虚部的超构材料名为共轭超构材料。

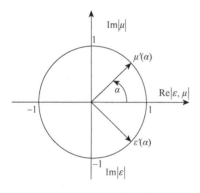

图 9.4　共轭超构材料的参数示意图

共轭超构材料[15]（conjugate metamaterials，CMs）的介电常数和磁导率在它们的相位上互为复共轭（图 9.4）。尽管 CMs 的介电常数和磁导率都是复数，但它们的有效折射率是一个实数，因此，电磁波在 CMs 中的传播无衰减[16]。苏州大学徐亚东教授等发现 CMs 的电磁性质依赖于其材料相位 $\alpha$，对于 $0 \leqslant \alpha < \pi/2$，CMs 表现出正折射的特性；而对于 $\pi/2 \leqslant \alpha < \pi$，表现出负折射的特性。当材料相位趋于 $\alpha \to \pi$，CMs 可以充当一个亚波长成像的透镜，而完美

透镜则是其中的一个极限情况[15]。特别地，$\alpha = \pi/2$ 是 CMs 中正折射与负折射的转变点，该类型 CMs 称为纯虚超构材料[17]。

# 9.3 光学超结构的制备与加工

随着各个相关领域的发展，光磁学[18]、光负折射率材料[19]、人工手性光子超材料[20]、超材料非线性光学[21]和电磁隐身斗篷[22]等光学超材料的诸多研究领域受到了人们的广泛关注。光学超结构是由亚波长结构单元或具有特异电磁特性的超原子组成的人工微纳结构材料。近年来，随着纳米加工技术的发展，光器[23]、飞秒激光[24]以及先进光学制造技术[25]的出现，光学超材料的制备技术飞速进步。本节总结了超构表面各类微纳加工方法的原理和特点，包括电子束刻蚀、聚焦离子束刻蚀、激光直写加工、掩模光刻加工以及一些新兴的加工方法。

## 9.3.1 电子束刻蚀

电子束刻蚀（electron beam lithography，EBL）是一种基本的纳米加工技术，不仅可以直接制备任意具有亚 10nm 特征尺寸的二维结构，而且还可以通过加工掩模和模板实现后续高产量的纳米图形转移加工，因此 EBL 已是纳米加工中最重要的技术之一。该方法的原理是通过高度聚焦的电子束对抗蚀剂进行曝光，使其在显影过程中的溶解度改变，配合后续图形转移工艺以形成设计结构。对于正性抗蚀剂，在经过 EBL 后，材料可被分解成更小、更易溶解的碎片，其溶解度会经历由低到高的过程；而在负性抗蚀剂中，电子使材料发生交联反应，将较小的聚合物结合成较大的、溶解度较低的聚合物，使得溶解度变低。这种直写系统的分辨率极高，能够在无掩模的情况下制备任意图形，但是在制备大面积复杂图案时具有临近效应的限制，耗时较多。为解决这一问题，研究者尝试使用了投影式 EBL 和大规模平行电子束等技术。由于 EBL 分辨率高、自由度大的特点与二维非周期性纳米结构组成的光学超构表面的加工要求非常契合，所以 EBL 在目前超构表面的加工中应用最为广泛。但是由于 EBL 必须在抗蚀剂上加工图案，然而抗蚀剂大多为低折射率的聚合物电介质材料，一般无法直接作为超构表面单元，所以超构表面通常是由 EBL 作为图形化手段和后续图形转移工艺相结合进行加工的。

## 9.3.2 聚焦离子束刻蚀

聚焦离子束（focused ion beam，FIB）刻蚀是目前最精确的无掩模微/纳米加工方法之一。该方法既可以通过离子束对表面的轰击以去除表面原子，也可以通过离子轰击气相前驱体使其分解并沉积在样品表面，所以同时具备自下而上和自上而下的制造方法，这增强了 FIB 精确制造复杂的三维微/纳米结构的能力。另外，由于 FIB 无材料选择性，可以加工任何硬金属和非金属，且深宽比较大。由于可以直接去除材料，FIB 加工无需后续图形转移工艺。通过集成扫描电子显微镜（scanning electron microscope，SEM）、能量色散光谱和其他设备如高精度压电台、微/纳米机械手等，FIB 已经成为一种自由度极高且能够实时观测的微/纳米加工技术。但是，由于 FIB 的成本高、加工效率非常低且加工基底尺寸有限等限制，FIB 只能应用在制样、修复和小批量原型验证中，另外，由于一般的 Ga$^+$束流直径要比电子束流大，所以分辨率比 EBL 低。利用其自由度大的特点，FIB 加工方法在超构表面的小面积原理验证方面有广泛的应用。

### 9.3.3　激光直写加工

激光直写（direct laser writing，DLW）加工技术是利用激光束对材料直接扫描进行加工，改变材料的物理化学性质，如折射率、消光系数、带隙、电导率和表面浸润特性（亲水性或疏水性）等，拥有无掩模、自由度高和成本低等优势。根据直写中不同的材料加工机理，DLW 又可以分为连续激光直写光刻、超快激光直写刻蚀和双（多）光子聚合打印技术。但是，由于光学衍射的极限限制了 DLW 的加工分辨率，所有光学超构表面的应用限制在红外到太赫兹波段。利用双（多）光子聚合的非线性效应可以进一步增加分辨率到百纳米，且可以实现 3D 打印，因此 DLW 是未来光学超构表面集成的一种可能加工技术。

### 9.3.4　掩模光刻加工

EBL 和 FIB 等通过逐点扫描的方法进行加工的直写技术已经被用来制作各种功能的光学超构表面，然而制备大规模的纳米结构时需要大量的加工时间和较高的加工成本，因此不适合大规模生产。与之相比，投影式光刻（projection photolithography，PPL）技术是借助光刻胶将掩模板上的几何图案转移到基片上的技术。其中紫外光以步进或扫描的方式通过掩模板照射在表面有光刻胶的基片上，光刻胶被曝光的区域发生化学反应，通过显影技术除去曝光区域（正胶）或未曝光区域（负胶）的光刻胶，再利用刻蚀技术在基片上加工出图形，有效地缩短了曝光时间。因此，掩模光刻技术是最适合批量生产大面积光学超构表面的技术之一，有希望将光学超构表面器件从实验室走向量产应用。但是，由于光学波段的结构尺寸较小，普通的紫外光刻满足不了，需要借助半导体制程中更短波长和更先进的浸没式曝光系统，其自由度较低，成本较高，且需要 EBL 等手段进行掩模的制备。

纳米压印光刻（nanoimprint lithography，NIL）技术是一种利用机械变形复制纳米结构的技术。其具有高分辨率、大面积加工、低成本的优点，但是仍然需要高分辨率的设备制造模板，而且需要用刻蚀去掉压印后的残胶，对胶起到一定破坏作用。

传统的 NIL 分为热固化和紫外光固化两种。热固化利用材料高温下黏度低的特点，当主模被压在基板上后，用先加热再冷却的方式固化聚合物涂层并分离模板，NIL 的图案就转移到了聚合物层。这种工艺十分简单，可以直接用于超构表面的加工[26, 27]，如 Makarov 等[24]做出了一种光增强超构表面，利用 NIL 技术在钙钛矿材料上进行压印，其加工效果的显微图如图 9.5（a）所示，分别为纳米柱与纳米孔结构，这种光增强膜可以增强光达 70 倍并且拥有较好的稳定性，为光电器件制备提供了一种方案。图 9.5（b）显示了一种常见的利用 NIL 加工的方案[26]，在压印之后旋涂胶体形态的金属纳米晶体，最后用剥离工艺去除多余材料，制作出了波片功能的等离子体超构表面，在近红外到中红外都具有较高的偏振转换效率。

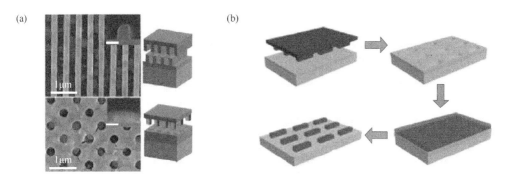

图 9.5　纳米压印用于超构表面加工：（a）热固化方式的纳米压印的两种超构表面 SEM 图（左）对应的压印工艺示意图（右）；（b）热固化纳米压印加剥离工艺制造超构表面的工艺流程图（左）和加工出的超构表面的 SEM 图像（右）

## 9.3.5　其他新兴加工方法

对于大面积加工超构表面，自组装刻蚀（self-assembly lithography，SAL）也是一种高效便捷的加工方式，这种方法将胶体自组装形成的聚苯乙烯球体阵列作为掩模板与后续的刻蚀或沉积的工序相结合，具有制作简单、成本低的优点，但是自组装技术只能加工周期排列的简单图形。如图 9.6（a）所示，利用上述方法，在空气与水的交界面进行自组装，之后慢慢地将水抽出，使聚苯乙烯球体转移到水下绝缘体之上的硅基底上，用这种方法制作出了几乎完美的反射镜，对于波长为 1530nm 的光有着 99.7%的反射率[29]。为了突破传统的自组装只能加工简单周期图案的限制，研究人员还开发了其他更复杂的工序，如从多个角度沉积多次刻蚀的方法[30]，以及利用两层聚苯乙烯球体堆叠作为掩模的方法等。

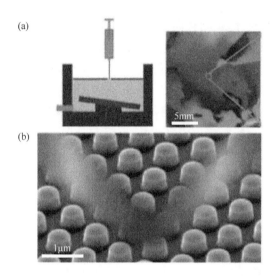

图 9.6　其他新兴加工方法用于超构表面加工：（a）自组装的工艺示意图；（b）加工出的反射镜超构表面显微图

探针扫描光刻（scanning probe lithography，SPL）也是一种可以制造超构表面的纳米加工方法，这种方法利用探针移除抗蚀剂上的粒子或者排列图案中的粒子达到加工的目的，其精度是由原子力显微镜控制的。Shah 等用探针扫描加工超构表面的原子力显微镜测量图[31]。这项工作使用探针加工出了长 80～120nm、宽4～80nm 的沟槽，形成开口环形状的谐振体，在中红外波段实现了负折射率。但是探针扫描方法有局限，存在加工效率低、沟槽尺寸出现较浅较宽的问题。

# 9.4　光学超结构应用

## 9.4.1　基于超构表面的量子态操控

量子光学是量子信息科技的重要研究方向，而量子信息是当代信息技术发展的重要方向和新兴交叉学科，在众多方向拥有巨大的潜力。近些年来，量子信息科学发展迅猛，在理论和实验方面均取得了一系列重大进展，如潘建伟院士团队实现的基于"墨子号"的卫星量子通信，谷歌以及潘建伟院士团队[32]实现的量子优越性等。超构表面灵活的多自由度集成调控的特点使得它在量子光学中也有非常可观的应用前景，已经逐渐在量子光源、量子态操控以及量子测量等方面崭露头角，成为量子光学发展的一个重要的平台。

利用金属微纳结构，人们实现了集成的微纳分束器、耦合器等量子光学操作需要的基本器件。然而，金属材料对光子有比较强的吸收，同时在这些器件中光子-等离激元的耦合带来很大的损耗，这是非常不利的。而高效率超构表面特别是全介质超构表面的发展，有效降低了损耗，并在量子态的操控方面已经取得了令人振奋的进展。

超构表面可以灵活地控制光的相位和偏振，这在重建各种量子态方面起着重要作用。Wang 等[33]使这种可能性变为了现实。他们将多个超构表面超单元组合成一个超构表面。这允许多个多光子相干过程同时进行。由于这种超表面，多光子偏振态可以与全极性断层扫描态并行扩展，并分解为不同的空间通道。然后可以通过在不同通道中执行光子相关性的测量和计算来准确地重建多光子状态，如图 9.7（a）所示。类似的方法可以应用于任何偏振态的操作。

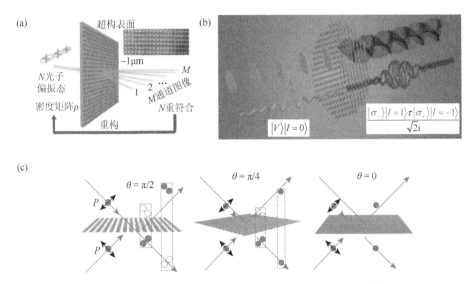

图 9.7　超构表面对量子态的调控：（a）基于超构表面的多光子态重构[33]；（b）超构表面引发的光子自旋角动量与轨道角动量之间的量子纠缠[34]；（c）超构表面对光子间、量子间相互作用的调制[35]

在图 9.7（b）中，当线性偏振光子穿过几何相位设计的超表面时，可实现旋转角动量和轨道角动量之间的纠缠。当交织光子对中的一个光子穿过超构表面样本时，实现了自旋和轨道角动量的相互作用，另一个光子被直接收集并被探测器探测。测量表明，穿过超构表面的光子获得轨道角动量并与自旋角动量产生了纠缠。此外，贝尔态测量的结果表明，一个光子的自旋与另一个光子的轨道角动量相互影响，反之亦然[34, 35]。

李林等[36]设计了一个各向异性的超表面，在量子光学中引入了新的自由度，控制了光子之间量子相互作用。通过旋转超表面或改变光子偏振[图 9.7（c）]，两个光子之间的量子相互作用可以是玻色子、费米子或它们之间的任何状态的相互作用。这项工作为量子逻辑门和其他设备及系统的设计提供了新的思路。

### 9.4.2　基于微机电系统的结构重构型可调谐光学超构材料

改变超构材料微/纳米结构的排列、形态和方向，从而相应地改变局部超构材料的局部场状态和整个系统的电磁响应。目前，这种可重构和可调的超构材料主要分为两大类：基于柔性拉伸材料的可调超构材料和基于微机电系统的可调超构材料。下面主要介绍基于微机电系统的可调超构材料的应用。

微机电系统（MEMS）是一种单位尺寸为微米或纳米量级的智能控制系统。多个元表面以垂直集成的方式相互作用，并辅以 MEMS 作为驱动器来操控每个超构表面，可以扩展调制范围。Faraon 等[30]设计了一种基于 MEMS 系统的可调金属透镜。如图 9.8（a）所示，该设计包括两个金属透镜。一个是由 $SiN_x$ 薄膜制成的

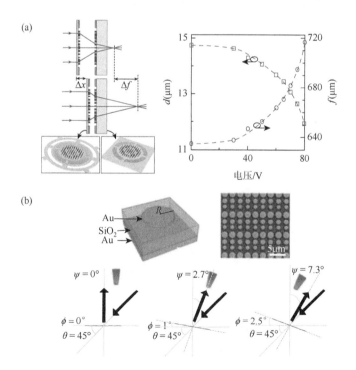

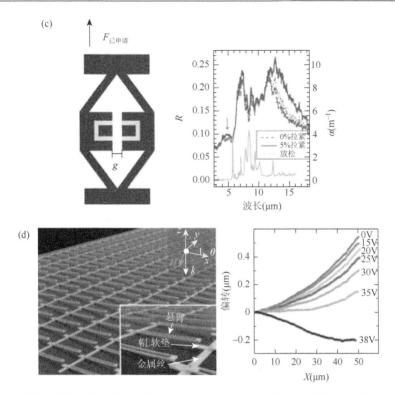

图 9.8　结构重构型可调谐光学超构材料：（a）MEMS 可调超构透镜的示意图（左）；实验测得的前焦距 $f$ 和两个超构透镜之间距离 $d$ 随施加的直流电压变化曲线（右）[37]。（b）超构表面透镜单元结构示意图（左上）、超构透镜样品的扫描电子显微镜图像（右上）及其调制机制（下）[38]。（c）基于柔性聚合物支架的可拉伸电磁超构材料示意图（左），不同外力拉伸下超构表面的反射光谱（右）[30]。（d）由悬臂、电容垫和互连线组成的太赫兹可调谐超构材料示意图（左）和不同电压下悬臂曲率偏转曲线（右）[39]

可拆卸金属透镜，另一个固定在玻璃基板上。移动的金属透镜由 MEMS 功率驱动，控制两个金属透镜之间的距离。镜头的有效焦距可在 565~629μm 范围内调节。除了位置自由度，MEMS 平台还可以在超表面引入角度变化的自由度。Roy 等[39]将超构透镜和 2D MEMS 扫描系统集成，MEMS 平台沿两个正交方向控制透镜的角度，以提供对聚焦光的动态控制[图 9.8（b）]。通过将 MEMS 平台与柔性衬底相结合并操控单元结构的形状，可以实现动态可调的超构表面。Jeremy 等[40]将MEMS 与柔性可变机械支架相结合，通过施加单边力来调整单元结构之间的距离，从而调整超构表面的反射光谱。随着外加力的减小，结构表面在超结构共振的长波长范围内发生红移[图 9.8（c）]。MEMS 平台还可以使用静电力来操控超构表面结构的变形。Zhang 等[41]设计了一种基于机电导向微控制器组结构的 1/4波片可调太赫兹超表面板。他们准备了一个 1μm 宽的悬臂，并将其用作功能单元和机电执行器。通过在悬臂和基板之间施加电压，感应静电力拉动悬臂的自由端，从而实现阵列结构调节［图 9.8（d）］。此外，该技术与 CMOS 技术兼容，不仅丰富了太赫兹光学库，也有利于太赫兹波段的实际应用。

# 9.5  小  结

光学超构材料利用人工结构单元作为人造原子，来构造宏观连续的介质，通过结构单元的设计，来调控介质的材料参数，实现对电磁波的传播性质的控制。控制方法主要分为两类：一类是通过超构材料的实部参数，形成厄米性系统；另外一类是通过超构材料的虚部参数，形成非厄米性系统。

制备光学超构材料的方法有电子束刻蚀、聚焦离子束刻蚀、激光直写加工、掩模光刻加工、自组装等，其中激光直写加工和自组装尚不成熟，而掩模光刻技术是最适合批量生产大面积光学超构表面的技术之一。

超构材料最早的应用是负折射材料，后来又有零折射率材料、双曲色散材料乃至电磁隐身斗篷等。在量子信息领域，基于光学超构表面的量子态调控对光量子比特的实现起着重要的作用。而通过与 MEMS 的结合，光学超构材料可以有更好的参数可调节性，以满足在太赫兹光学等领域的应用。

## 参 考 文 献

[1]    Veselago V G. The electrodynamics of substances with simultaneously negative values of $\varepsilon$ and $\mu$[J]. Soviet Physics Uspekhi，1968，10：509-514.

[2]    Pendry J B，Holden A J，Robbins D J，et al. Magnetism from conductors and enhanced non-linear phenomena[J]. IEEE Transactions on Microwave Theory and Techniques，1999，47（11）：2075-2084.

[3]    Pendry J B，Holden A J，Stewart W J，et al. Extremely low frequency plasmons in metallic mesostructures[J]. Physical Review Letters，2001，87（25）：4773-4776.

[4]    Smith D R，Vier D C，Padilla W J，et al. Composite medium with simultaneously negative permeability and permittivity[J]. Physical Review Letters，2000，84（18）：4184.

[5]    Pendry J B，Holden A J，Robbins D J，et al. Magnetism from conductors and enhanced nonlinear phenomena[C]. IEEE transactions on microwave theory and techniques，1999，47：2075-2084.

[6]    Walser R M. Electromagnetic metamaterials[C]. Proceeding SPIE Complex Mediums II beyond Linear Isotropic Dielectrics，San Diego，2001，4467：1-15.

[7]    朱聪. 基于金属纳米孔的光学超构材料的研究[D]. 南京：南京大学，2014.

[8]    王建强. 非线性光学及其材料的研究进展[J]. 当代化工研究，2018（10）：175-176.

[9]    刘萱，邓俊鸿，唐宇涛，等. 非线性光学超构材料[J]. 中国材料进展，2019，38（4）：342-351.

[10]   Chen H，Chan C T，Sheng P. Transformation optics and metamaterials[J]. Nature Materials，2010，9（5）：387-396.

[11]   Sun S，He Q，Xiao S，et al. Gradient-index meta-surfaces as a bridge linking propagating waves and surface waves[J]. Nature Materials，2012，11（5）：426-431.

[12] Cai W，Shalaev V. Optical metamaterials：Fundamentals and applications[J]. Physics Today，2010，63（9）：57-58.

[13] Eleftheriades G V，Balmain K G. Negative-Refraction Metamaterials：Fundamental Principles and Applications[M]. Hoboken：John Wiley & Sons，2005.

[14] Bender C M，Boettcher S. Real spectra in non-hermitian hamiltonians having symmetry[J]. Physical Review Letters，1998，80（24）：5243-5246.

[15] Xu Y，Fu Y，Chen H. Electromagnetic wave propagations in conjugate metamaterials[J]. Optics Express，2017，25：4952.

[16] Dragoman D. Complex conjugate media：Alternative configurations for miniaturized lasers[J]. Optics Communications，2011，284：2095-2098.

[17] Linden S，Enkrich C，Wegener M，et al. Magnetic response of metamaterials at 100 terahertz[J]. Science，2004，306（5700）：1351-1353.

[18] Plum E，Fedotov V A，Schwanecke A S，et al. Giant optical gyrotropy due to electromagnetic coupling[J]. Applied Physics Letters，2007，90（22）：223113.

[19] Klein M W，Enkrich C，Wegener M，et al. Second-harmonic generation from magnetic metamaterials[J]. Science，2006，313（5786）：502-504.

[20] Cai W，Chettiar U K，Kildishev A V，et al. Designs for optical cloaking with high-order transformations[J]. Optics Express，2008，16（8）：5444-5452.

[21] 张汉伟，周朴，王小林，等. 1137nm 长波掺镱光纤激光器的出光实验[J]. 强激光与粒子束，2013，25（11）：3.

[22] 张子辰，马洪良，安保礼，等. 飞秒激光诱导有机薄膜自组装微结构[J]. 强激光与粒子束，2014，26（8）：4.

[23] 许乔，王健，马平，等. 先进光学制造技术进展[J]. 强激光与粒子束，2013，25（12）：3098-3105.

[24] Makarov S V，Milichko V，Ushakova E V，et al. Multifold emission enhancement in nanoimprinted hybrid perovskite metasurfaces[J]. ACS Photonics，2017，4（4）：728-735.

[25] Chen W，Tymchenko M，Gopalan P，et al. Large-area nanoimprinted colloidal Au nanocrystal-based nanoantennas for ultrathin polarizing plasmonic petasurfaces [J]. Nano Letters，2015，15（8）：5254-5260.

[26] Bonod N. Large-scale dielectric metasurfaces[J]. Nature Materials，2015，14（7）：664-665.

[27] Nemiroski A，Gonidec M，Fox J M，et al. Engineering shadows to fabricate optical metasurfaces[J]. ACS Nano，2014，8（11）：11061-11070.

[28] Yao Y，Wu W. All-dielectric heterogeneous metasurface as an efficient ultra-broadband reflector[J]. Advanced Optical Materials，2017，5（14）：1700090.

[29] Jaksic Z，Vasiljevic-Radovic D，Maksimovic M，et al. Nanofabrication of negative refractive index metasurfaces[J]. Microelectronic Engineering，2006，83（4）：1786-1791.

[30] Arbabi E，Arbabi A，Kamali S M，et al. MEMS-tunable dielectric metasurface lens[J]. Nature Communications，2017，9（1）：812.

[31] Shah S I H，Sarkar A，Phon R，et al. Two-dimensional electromechanically transformable metasurface with beam scanning capability using four independently controllable shape memory alloy axes[J]. Advanced Optical Materials，2020，8（22）：2001180.

[32] Zhong H，Wang H，Deng Y，et al. Quantum computational advantage using photons[J]. Science，2020，370：1460-1463.

[33] Wang K，Titchener J G，Kruk S S，et al. Quantum metasurface for multiphoton interference and state reconstruction[J]. Science，2018，361（6407）：1104-1108.

[34] Stav T，Faerman A，Maguid E，et al. Quantum entanglement of the spin and orbital angular momentum of photons

using metamaterials[J]. Science，2018，361（6407）：1101-1104.

[35] Morimae T，Takeuchi Y，Tani S .Sampling of globally depolarized random quantum circuit[P]，10.48550/arXiv. 1911. 02220. 2019.

[36] 李林，程亚，祝世宁. 浅谈超构表面在量子光学中的应用[J]. 物理，2021，50（5）：9.

[37] Jha P K，Ni X，Wu C，et al. Metasurface-enabled remote quantum interference[J]. Physical Review Letters，2015，115（2）：025501.

[38] Jha P K，Shitrit N，Kim J，et al. Metasurface-mediated quantum entanglement[J]. ACS Photonics，2018，5（3）：971-976.

[39] Roy T，Zhang S，Jung I W，et al. Dynamic metasurface lens based on MEMS technology[J]. APLP，2018，3：021302.

[40] Reeves，Jeremy B，Rachael K，et al. Tunable infrared metasurfaces from soft polymer scaffolds [J]. Nano Lett，2018，18（5）：2802.

[41] Zhao X，Schalch J，Zhang J，et al. Electromechanically tunable metasurface transmission waveplate at terahertz frequencies[J]. Optica，2018，5（3）：303-310.

# 第10章 二 维 结 构

二维材料是具有原子尺度厚度的层状结构材料。最典型的二维结构材料——石墨烯，是从层状石墨中剥离得到的。石墨烯具有狄拉克类型的能带、强健 σ 键骨架，这使得它具有优异的导热导电特性以及二维材料中最高的机械强度，同时因为独特的二维结构，石墨烯表现出非凡的电子、物理和化学性质，因此是理想的化学催化剂和光电子器件材料。本章从基本的物理原理出发，介绍二维材料的性质、机理和制备方法，以及这种材料在微流控中的应用。

## 10.1 二维结构材料简介

二维结构材料指的是由单个原子层或几个原子层组成的晶体材料，这个概念往前倒推可以追溯到 19 世纪初。最近这几年，具有二维层状晶体结构的无机化合物的研究不断取得新进展，大大激发了研究者的研究热情。到现在为止，研究人员已经发现了数十种性质相互之间截然不同的二维材料，这些二维材料涵盖了金属、绝缘体和半导体等不同的属性。图 10.1 列举了一些典型的二维材料的晶体结构、性质、超导临界温度和带隙的范围，所列出的只是二维材料众多类型中的几个。

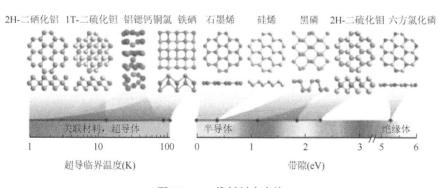

图 10.1 二维材料大家族

二维原子晶体是一种原子尺度的层状晶体材料，其二维面内存在强有力的化学键，而层与层之间仅依靠范德瓦耳斯力（van der Waals force）堆叠在一起。因此，研究人员可以通过机械剥离法获得单层且有完美界面特性的原子级晶体材料[1]。二维原子晶体是一个完整的材料体系，有导体、半导体和绝缘体，半导体二维材料由于其超薄的特性及良好的电学性质而在纳米电子学器件领域中得以广泛应用。图 10.2 给出了 6 种主要二维原子晶体材料的结构示意图[2]。

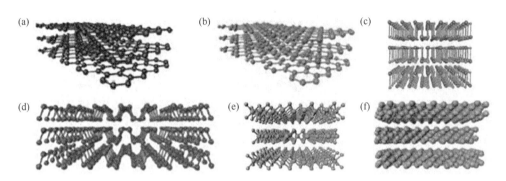

图 10.2　二维原子晶体材料结构示意图：（a）简单立方结构；（b）六角密排结构；（c）体心四方结构；（d）梯型几何结构；（e）三棱柱几何结构；（f）体心立方结构

2004 年 Geim 和 Grigorieva 利用最普通的胶带在高定向热解石墨上反复剥离，最终获得了单层的石墨片，此后，众多科学家开始探寻其他新型二维原子晶体材料。现在每年大约有一万篇与石墨烯相关的论文发表[3]。2015 年我国石墨烯专利申请数量已达一万六千多件，占全球总数的 62%。石墨烯本身具有奇异特性以及可能在微纳电子、微流控、新能源、医疗、环保等众多领域有重要的应用，因而成为凝聚态物理与材料科学的研究前沿。近年来，不断有新型二维原子晶体材料被发现并得到深入研究[4]。高质量的二维原子晶体材料对于探索新的物理现象和进一步拓展在微电子、光电子等领域的应用都有重要作用。图 10.3 列出了现有的二维原子晶体材料体系[3]，包括单元素二维原子晶体材料磷烯（phosphorene）、硅烯（silicene）、锗烯（ger-manene）、铪烯（hafnene）和不为熟知的锡烯（stanene）；六方氮化硼（hexagonal boron nitride，h-BN）；过渡金属硫化物（transition metal dichalcogenides，TMDs）二硫化钼（$MoS_2$）；硒化铟（InSe）；金属氧化物氧化钛（$TiO_2$）；过渡金属碳（氮）化物 Mxene，其中（M 代表 Ti、Ta、Cr 等前过渡金属，X 代表碳或者氮）等二维原子晶体材料[5]。

这些二维原子晶体材料的性质各异，例如，Nb-Se 是超导材料；石墨烯是狄拉克半金属；InSe 是半导体材料；h-BN 是非常好的绝缘体；$Bi_2Se_3$ 和 $Bi_2Te_3$ 是拓扑绝缘体材料。表 10.1 中给出了几种不同二维原子晶体半导体材料的物理参数，它们性质各异，有望用于设计和制作各种新型器件。例如，石墨烯的透明-导电-弹性能够用于柔性电子器件，高迁移率超薄厚度可用来制作高效的射频晶体管，

| 石墨烯分类 | 石墨烯 | 六方氮化硼(h-BN) | BCN | 氟石墨烯 | 氧化石墨烯 |
|---|---|---|---|---|---|
| 二维硫化物 | $MoS_2$, $WS_2$, $MoSe_2$, $WSe_2$ | 半导体硫化物：$MoTe_2$, $WTe_2$, $ZrS_2$, $ZrSe_2$等 | | 金属硫化物：$NbSe_2$, $NbS_2$, $TaS_2$, $NiSe_2$等 | |
| | | | | 分层半导体：$GaSe$, $GaTe$, $InSe$, $Bi_2Se_3$等 | |
| 二维氧化物 | 云母, BSCCO | $MoO_3$, $WO_3$ | 钙钛矿型：$LaNb_2O_7$, $(Ca,Sr)_2Nb_3O_{10}$, $Bi_4Ti_3O_{12}$, $Ca_2Ta_2TiO_{10}$等 | 氢氧化物：$Ni(OH)_2$, $Eu(OH)_2$等 | |

图 10.3　二维原子晶体材料体系

同时利用透明-不渗透性-导电性还能开发透明防护涂层。Mo 基和 W 基二硫族化合物是半导体材料，其带隙范围从可见光延伸到近红外。单层 $MoS_2$ 具有直接带隙能带结构（$MoS_2$ 体材料是间接带隙），制成场效应晶体管的开关比高达 $1 \times 10^6$，$MoS_2$ 制备的柔性电子器件是传统晶体管的功耗的 $1 \times 10^{-6}$[6, 7]。

表 10.1　几种不同二维原子晶体半导体材料的物理参数

| 材料 | 迁移率 $[cm^2/(V \cdot s)]$ | 电压差 (eV) | 激子结合能 (meV) | 等离子体频率 (meV) |
|---|---|---|---|---|
| $MoS_2$ | 1～100 | 1.3～1.9 | ～400 | ～25 |
| Phosphorene | 100～1000 | 0.3～1.5 | ～400 | ～400 |
| h-BN | | 5.9 | ～150 | $\sim 8 \times 10^3$ |
| Silicene | 100 | $2.1 \times 10^{-1}$ | | |
| InSe | 2000 | 2.3～3.8 | | |

　　二维原子晶体材料的另一个优点是可以相互堆叠在模块中，这就不需要担心某些传统的问题，如异质结的晶格失配。由于不同的二维原子晶体材料具有不同的能带结构和不同的带隙，因此可根据需求定制出不同的能带组合方式。基于二维原子晶体材料超薄异质结的隧道晶体管、隧穿二极管、光电探测器等均具备优异的性能。例如，石墨烯/二硫化钼光电探测器，由于石墨烯的高流动性，确保设备的反应速率更快，二硫化钼在可见光波段具有比其他材质更强的光吸收，并生成较大的光电流，二硫化钼电子态密度中的范霍夫奇点增强了光-物质的相互作用，从而可获得较强的光吸收和较高的电子-空穴对的产生率[8]。

　　在未来，二维原子晶体材料的半导体导向的应用有希望达到甚至突破传统的半导体工艺面临的各种限制。然而，目前对于二维原子晶体材料的研究刚刚起步，微流体中常见的二维材料主要有以下几种：①单晶硅具有热稳定性和化学惰性，加工工艺成熟，它可以利用刻蚀和光刻等制备集成电路的成熟工艺进行加工和批量生产；②玻璃和石英等具有良好的电渗性能和优于其他材料的光学性质，可用刻蚀和光刻技术进行加工。但是，更多的二维原子晶体材料至今仍然没有被发现，而已知的这些二维原子晶体材料还存在不少性质尚未充分研究，在微流控领域的创新性应用也需要进一步深入开发。

## 10.2　常见二维材料

### 10.2.1　石墨烯

在很长一段时间内，科学界普遍认为二维材料由于热力学不稳定而无法存在。因为二维原子晶体材料中热涨落的不均匀分布将导致原子位移在任何温度下都会大于原子间的本来间距，最终使得二维原子晶体材料无法在常温下稳定存在[9]。直至 2004 年，研究人员通过机械剥离的方法制备出单层石墨烯并检测了石墨烯独特的物理性质，才掀起了二维材料的研究热潮[10]。

事实上，科学界对于单层石墨一直抱有极大的兴趣，早在 1947 年 Wallace[11]就以单层石墨片作为模型计算了其能带结构。Ruess 和 Vogt[12]以及 Boehm 等[13]分别于 1948 年和 1962 年以透射电镜（TEM）观察到了单层石墨片。1975 年，van Bommel 等[14]使用低能电子能谱和俄歇电子能谱在加热后的 SiC（0001）表面上检测到了单晶或多晶原子层石墨。1990 年，Kurz 等提出采用透明胶带剥离单层石墨[15]，随即 Ruoff 等[16]和 Yang 等[17]分别采用扫描电镜（SEM）和扫描隧道显微镜（STM）观察到单层石墨片。

由于石墨烯的发现，在固态电子学中诞生了一种原子级薄材料的新兴研究领域。但是因为石墨烯几乎不存在带隙，这种性能很大程度上限制了石墨烯在光电子学中的应用[18]。基于此，很多研究学者开始寻找一些材料希冀能够替代石墨烯。过渡金属硫族化合物拥有着独特于其他化合物的夹带结构，这种结构的特点是随着层数的不断减少，带隙能量不断增大，其中，二维过渡金属硫化物种具有二硫化钼这种二维层状结构，因为拥有天然的可调带隙而引起化学界研究学者的广泛关注。目前，过渡金属硫族化合物在横向和纵向异质结方面十分受欢迎[19]，二硫化钼已经在发射器、场效应管和存储器等方面有相应的应用。二硫化钼是一种带隙能量在 $1.2\sim1.8eV$ 的层状半导体材料，它的物理性质严重依赖于厚度[6]。例如，随着二硫化钼厚度的下降，已经观察到它的光致发光现象显著增强[6]。然而，大范围合成高质量原子层二硫化钼仍然具有一定的困难，有待进一步研究。

## 1. 结构

石墨烯作为一种平面薄膜主要是由碳原子以 sp² 杂化轨道组成六角型晶格，是一种只有一个原子层厚度的二维材料。如图 10.4 所示，石墨烯的原胞由晶格矢量 $a_1$ 和 $a_2$ 定义每个原胞内的两个不同的原子，这两个原子分别存在于 A 晶格和 B 晶格。C 原子外层的 3 个电子主要是通过 sp² 杂化形成强 σ 键，键与键之间的最小夹角为 120°，而第 4 个电子是公共电子，形成的键是弱 π 键。石墨烯的 C—C 之间的键长大致为 0.142nm，每个晶格内存在三个 σ 键，所有碳原子的 p 轨道均与 sp² 杂化平面垂直，且以肩并肩的方式形成一个离域 π 键，其贯穿整个石墨烯。

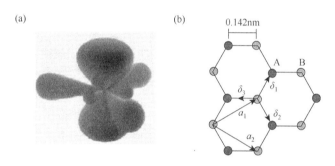

图 10.4 （a）石墨烯中碳原子的成键形式；（b）石墨烯的晶体结构

如图 10.5 所示，石墨烯是富勒烯（0 维）、碳纳米管（1 维）、石墨（3 维）的基本组成单元，可以被视为无限大的芳香族分子。从视觉上看，石墨烯主要是由单层的 C 原子挨个排列最后堆积出的呈现蜂巢形状的二维晶格结构。

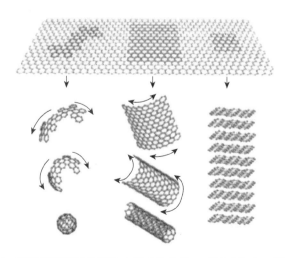

图 10.5 石墨烯原子结构图及它形成富勒烯、碳纳米管和石墨示意图

　　若按照层数划分，石墨烯大致可以分成单一层、双层和几个层的石墨烯。前两类具有相似的电子谱，均为零带隙结构半导体，具有空穴和电子两种形式的载流子。其中，双层石墨烯从结构上又可以分成不对称双层石墨烯和对称的双层石墨烯，对称的双层石墨烯的价带和导带接触比较少，从本质上来说，并没有改变它的零带隙结构；而对于不对称的双层石墨烯来说，尽管它的两片石墨烯之间产生了比较明显的带隙，但是通过设计双栅结构，能使其晶体管呈现出明显的关态。常见石墨烯排布主要有以下几类。

　　（1）单层石墨烯（graphene）：指由一层以苯环结构周期性堆积而成的碳原子紧凑构成的一种二维碳材料。

　　（2）双层石墨烯（bilayer graphene 或 double-layer graphene）：指由两层以苯环结构周期性紧密堆积的碳原子以不同堆垛方式堆垛构成的一种二维碳材料。

　　（3）几层石墨烯（few-layer graphene 或 multi-layer graphene）：指由 3～10 层以苯环结构周期性紧密堆积的碳原子以不同堆垛方式堆垛构成的一种二维碳材料。

　　由于二维晶体的热力学不稳定性，无论是在自由状态下还是沉积在基片上的石墨烯都不是完全平坦的，而是在其表面存在固有的微尺度褶皱，透射电镜和蒙特卡罗模拟都可以验证这一点。该显微褶皱的水平尺寸在 8～10nm 之间，纵向尺寸在 0.7～1.0nm。这种三维变化会引起静电的产生，所以单层石墨烯容易聚集，如图 10.6 所示。同时，不同褶皱尺寸的石墨烯也有着不同的电学性质和光学性质。

图 10.6　单层石墨烯的典型构象

　　抛开表面褶皱以外，石墨烯在实践中并不完美，会出现多种形式的缺点，包括形态缺陷、裂纹、空洞、边缘和杂原子等。这类缺点从根本上会影响石墨烯的本征性能，如石墨烯的力学性能和电学性能等。然而，通过一些人工方法，如化学的处理或者是高能量的射线照射等，虽然引入了缺陷，但可以有意改变石墨烯的固有性质，从而制备出不同性能要求的石墨烯器件。

## 2. 性质

### 1）力学性质

在石墨烯二维平面内每一个碳原子都以 σ 键同相邻的三个碳原子相连，相邻两个键之间的夹角为 120°，键长约为 0.142nm，这些 C—C 键使石墨烯具有良好的结构刚性，石墨烯是世界上已知的最牢固的材料，其本征（断裂）强度可达 130GPa，是钢的 100 多倍，其杨氏（拉伸）模量为 1100GPa。如此高强轻质的薄膜材料有望用于航空航天等众多领域。

### 2）电学性质

石墨烯的每个晶格内有三个 σ 键，所有碳原子的 p 轨道均与 $sp^2$ 杂化平面垂直，且以肩并肩的方式形成一个离域 π 键，其贯穿整个石墨烯。π 电子在平面内可以自由移动，使石墨烯具有良好的导电性，石墨烯独特的结构使其具有室温半整数量子霍尔效应、双极性电场效应、超导电性、高载流子率等优异的电学性质，其载流子率在室温下可达到 $1.5 \times 10^6$ m/s，当受光电或热激发后，价带中的部分电子越过禁带进入能量较高的空带，空带中存在电子后成为导带，价带中缺少一个电子后形成一个带正电的空位，成为空穴。导带中的电子和价带中的空穴合称为电子-空穴对，则电子、空穴能自由移动，成为自由载流子。它们在外电场作用下产生定向运动形成宏观电流，分别成为电子导电和空穴导电。

石墨烯的每一单位晶格有 2 个碳原子，导致其在每个布里渊区有两个等价锥形相交点（$K$ 和 $K'$），在相交点附近其能量与波矢量呈线性关系，使得石墨烯中的电子和空穴的有效质量均为零，所有电子、空穴称为狄拉克费米子。相交点为狄拉克点，在其附近能量为零，石墨烯的带隙（禁带）为零。石墨烯独特的载流子特性和无质量的狄拉克费米子属性使其能够在室温下观测到霍尔效应和异常的半整数量子霍尔效应。这表明其具有独特的载流子特性和优良的电学性质。

石墨烯的室温载流子迁移率实测值达 15000 $cm^2/(V·s)$，使其在场效应晶体管领域具有十分广阔的前景。不过由于石墨烯是零带隙结构，无法实现器件的关态，因而开关比很低，这在一定程度上阻碍了石墨烯的应用。

## 3. 表征

石墨烯的光学性质可通过多种方法检测，如拉曼光谱、光学衬度谱、瑞利散射、光吸收谱、光致发光谱和二次谐波法等。随着石墨烯层数的增加，其光谱的峰位、强度、线宽会发生显著改变。利用这些光谱特征信息随层数的变化规律，可以对石墨烯的厚度及堆垛方式等进行鉴别[20]。

2006 年，研究人员首次用拉曼光谱研究了石墨烯[21]，其拉曼光谱中的二维峰会随着石墨烯层数或者堆垛次序的变化而变化。图 10.7 所示为不同波长的激发光

下，单层石墨烯、AB 堆垛的多层石墨烯及体石墨拉曼光谱的二维峰[20]。由图 10.7
可以看出，单层和双层石墨烯具有独特的二维峰形状。一般来说，根据二维峰的
形状只能鉴别五层以下石墨烯的层数。另外，由于 AA 堆垛的多层石墨烯具有和
单层石墨烯相似的拉曼光谱，以及不同堆垛次序对二维峰形状的影响，通常会将
光学衬度法和拉曼光谱结合起来使用。

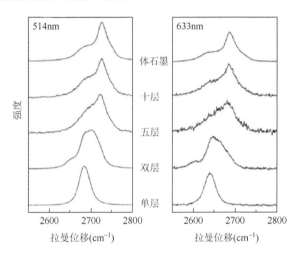

图 10.7　514nm 和 633nm 下，单层、双层、五层和十层石墨烯及体石墨的二维峰

利用拉曼光谱还可研究石墨烯的其他性质，诸如磁-声子共振态、电声子耦合、
能带劈裂、电子-电子相互作用、电磁场与应力的作用、晶体缺陷、边缘结构、功
能团以及石墨烯层与层之间的角度[22]等。

此外，角分辨光电子能谱可以检测石墨烯电子态的能带色散关系及晶格构
成[23]。利用扫描透射电子显微镜、能量损失谱、低角度 X 射线光谱、共振非弹
性 X 射线散射等技术能详细研究石墨烯中的缺陷等。扫描隧道显微镜（STM）
可直接用金属探针探测石墨烯的电子态，也能研究各类缺陷（包括空位、晶界、
错误的功能团修饰以及转移过程中的褶皱气泡等）对石墨烯形貌及电子结构的
影响[24]，STM 还能用来表征强磁场下石墨烯中电子在朗道能级的局域性质以及
杂质附近的能带结构等[25]。

## 10.2.2　二硫化钼

### 1. 结构

二硫化钼由 1 个钼原子和 2 个硫原子组成。其中，钼原子和硫原子以共价键
的形式结合起来构成 S—Mo—S 结构[26]。Mo 原子有最近邻的 6 个 S 原子，S 原

子有 3 个最近邻的 Mo 原子。两者形成三棱柱状配位结构，层与层之间存在微弱的范德瓦耳斯力，每层之间的距离大约 0.65nm，Mo 原子与 S 原子间的相对位置差异形成 3 种晶体结构。

### 2. 性质

#### 1) 光学性质

二硫化钼薄膜拥有特殊的层状结构和能带结构，这就使得其具有独特的光学性质，如荧光吸收和发射等。这些性质将使二硫化钼薄膜在光电器件方面具有广泛的应用前景。

当二硫化钼为体材料时，它是间接带隙半导体，不会发生光吸收的特性。随着二硫化钼薄膜越来越薄，它的带隙也将发生变化。当二硫化钼薄膜为单原子层时，其带隙结构将从间接带隙变为直接带隙，它将变成导体。当二硫化钼薄膜为几层时，将表现出独特的光学性质，其特有的发光峰在 625～670nm 处[27]。Ghatak 等[28]采用机械剥离的方法制备了二硫化钼纳米薄膜，在 532nm 波长的激光激发下，成功采集到了二硫化钼薄膜特有的光发射图谱，在 625～670nm 处出现了二硫化钼薄膜的特征峰。

#### 2) 电学性质

二硫化钼属于间接带隙半导体[29]，电子跃迁方式为非垂直跃迁，随着层数的减少，带隙宽度变宽，当为单层时，材料间接跃迁带隙宽度大于直接带隙宽度，电子跃迁方式存在导带到价带两种垂直跃迁，带隙宽度为 $ER = 1.92eV$[30]，表现出直接带隙半导体的特性。

层状二硫化钼的散射机制主要有 3 种[31]：①声学和光学声子散射；②库仑散射；③层间声子散射。散射机制对材料载流子迁移率的影响通常也会受到温度、能带结构和材料厚度等的影响。对于二硫化钼，温度对载流子迁移率的影响可视为声子对电子产生的散射作用。由材料表面或层间存在的电离杂质引起的散射称为库仑散射，它是低温下的主要散射机制。

### 3. 表征

#### 1) SEM 表征

通过 SEM 表征 $MoS_2$ 薄膜的生长过程，在 $MoS_2$ 生长过程中，许多步骤都可以观察到。首先，在裸露的衬底上随机出现小的三角形成核区域，见图 10.8（a）[32]，然后成核区域继续生长，当 2 个或更多个区域相遇时会形成晶界，见图 10.8（b）和（c）[32]，形成部分连续的薄膜。如果前驱供应充足，并且提供密集的成核位置，这个过程最终会扩展成较大区域的单层连续 $MoS_2$ 薄膜，见图 10.8（d）[32]。在 $MoS_2$ 薄膜的生长过程中，硫磺的浓度和环境的真空度是影响薄膜生长的 2 个重要参数。

图 10.8　MoS$_2$ 薄膜的基本生长过程[32]

2）AFM 表征

用原子力显微镜来确定 MoS$_2$ 的层数。图 10.9（a）、（b）、（c）分别为单层、双层和三层 MoS$_2$ 的 AFM 图片。

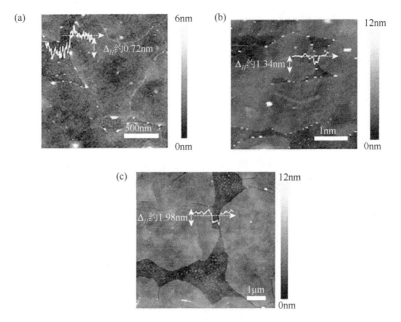

图 10.9　（a）单层 MoS$_2$ 的 AFM 图片；（b）双层 MoS$_2$ 的 AFM 图片；（c）三层 MoS$_2$ 的 AFM 图片[28]

从原子力显微镜图片中发现，MoS$_2$ 薄膜表面的粗糙度较低。从原子力显微镜图片中不仅可以得到 MoS$_2$ 的层数，还可以看出 MoS$_2$ 薄膜的微观结构。薄膜主要由许多尺寸相似的单晶构成，这正是薄膜显示多晶性的根本原因。

3）拉曼表征

利用拉曼光谱同样可以表征，且准确度高和速度快。而拉曼表征的优点在于可以在不破坏样品表面特征的情况下进行表征。在拉曼光谱（图 10.10）中，二硫化钼主要集中的发光峰处在 383～410cm$^{-1}$ 之间。拉曼光谱一共有两种振动方式，

分别是 $E_{2g}^1$ 和 $A_g^1$，$E_{2g}^1$ 代表面内振动，而 $A_g^1$ 代表面外振动。通过测量后获取两种振动方式之间的波数的差异，就可以粗略判断二硫化钼纳米薄膜的层数和厚度。

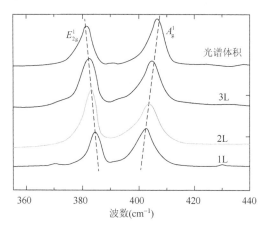

图 10.10 MoS$_2$薄膜的拉曼光谱

## 10.3 制 备 工 艺

二维材料的制备方法有两种思路：一种是自上而下的，从三维块状到二维层状的思路，可称为减薄法；一种是自下而上的，从零维的分子/原子到二维薄层的思路，可称为组装合成法。

### 10.3.1 减薄法

可以将任何材料减薄到几个原子的厚度来创建二维材料。然而，许多材料（如钻石）具有三维取向的化学键，要使材料变薄需要切断这些键，所创建的二维材料将具有密集的悬挂键，这些键在化学和能量上都是不稳定的[33]。

碳的同素异形体石墨只在主体材料内的平面上有很强的化学键。这些平面堆叠在一起，层与层之间只有弱的范德瓦耳斯力相互吸引，因此可以分开，而不会留下任何悬垂的键。石墨的单层平面就称为石墨烯。同样，正在研究的其他二维材料，如六方氮化硼（h-BN）、二硫化钼、黑磷等，也大多来自弱范德瓦耳斯力层状材料。将弱范德瓦耳斯力层状材料加工成二维材料，最简单的方法就是机械剥离法。

#### 1. 机械剥离法

Geim 等[34]最先使用蓝胶带反复剥离石墨（块状材料），然后利用光学显微镜

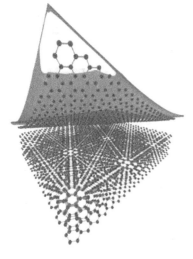

图 10.11　用胶带从范德瓦耳斯力材料上剥离层

或者 AFM 观察以找到只有一层厚度的石墨烯，这就是机械剥离的方法，其适用于所有弱范德瓦耳斯力材料。如图 10.11 所示，将一条黏性胶带贴在分层材料的表面，然后剥离，带走薄片（由少量的层组成）。然后可以将胶带压在衬底上，以转移薄片进行研究。这种工艺的单层成品率很低（得到的薄片大多是多层的），尺寸和形状无法控制。虽然无法控制，但是所生产的单层薄片的尺寸也是合适的（从几 μm 到 100μm），由于没有化学处理，薄片上很少有缺陷，这是该方法最大的优势。这种工艺的缺点是产生石墨烯的效率较低，不适合大规模的工业生产，一般仅仅应用在实验室的基础研究中。

### 2. 液体剥离法

　　液体剥离涉及使用有机溶剂作为媒介，将机械力传递到悬浮在液体中的层状物质（通常以粉末的形式）。超声波作用会使这些层受到拉应力，迫使它们分开。采用微流控方法控制液体高速流动，利用流道内液体流速的差异冲击切割石墨，进而剥离石墨层是另一种新颖方案，其在美国 Microfluidics 等公司已经实现了产业化。为了提高单分子膜的产量，还可以在材料层之间引入活性离子（产生氢气泡），将各层分开，如图 10.12 所示，或者快速混合溶液，在各层上产生额外的剪切力。

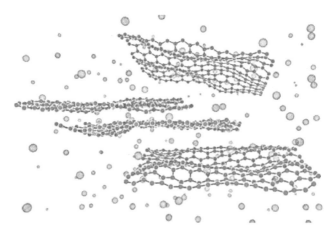

图 10.12　采用气泡使各层分离

　　液体剥离的方法很有拓展性，但也有几个缺点。单层的成品率通常也很低，而且片状物的尺寸通常小于 100nm（由于所施加的力将它们分开）。当从溶液中除去时，生成的薄片还可能具有高密度的缺陷和残留溶剂，因此不适合于光电应用。

### 10.3.2　组装合成法

　　控制点状的原子、分子生长或组装成为层状的二维材料是另一种思路，其形式多样，可以采用高温高压脱除固态 SiC 中的 Si 外延生长石墨烯，可以采用溶液中的各种湿化学反应制备对应的二维材料，也可以采用化学气相沉积（CVD）的方法将气态的材料化学反应后，再沉积成层状的各种二维材料。

　　1. 外延生长 SiC 法

　　外延生长 SiC 法[36, 37]是加热单晶 4H-SiC 脱除 Si 从而在 SiC 表面上外延出石墨烯。具体操作为，将表面经过氧化或 $H_2$ 刻蚀后的 SiC 在高真空下通过电子轰击加热到 1000℃除掉表面的氧化物，用俄歇电子能谱确定表面的氧化物完全被移除后，将样品加热使温度升高至 1250～1450℃后恒温 1～20min，可得到厚度由温度控制的石墨烯薄片（图 10.13）。这种方法条件苛刻（高温、高真空）、会产生比较难控制的缺陷及多晶畴结构，很难获得较好的长程有序结构，制备大面积具有单一厚度的石墨烯比较困难，且制造的石墨烯不易从衬底上分离出来，难以成为大量制造石墨烯的方法[35]。

图 10.13　来自石墨/SiC（0001）的 LEED 图案，样品被多次加热到连续更高的温度

　　2. 基于溶液的氧化还原法

　　通过湿化学技术合成二维材料的技术种类繁多，包括溶液中的高温化学反应、界面介导的生长（反应只发生在液体表面）、纳米粒子融合成更大的纳米薄片，等

等。每种方法都特别适合于一种特定类型的二维材料,从石墨烯和 TMDC 到单层金属,都可以使用适当的技术进行合成。这些方法生产的薄片的横向尺寸通常很小(＜100nm),而且这些技术跟液体剥离一样具有残留溶剂问题。

得克萨斯大学[36]和新加坡国立大学[37]采用了一种氧化还原生产石墨烯的方法。石墨本身为一种憎水性物质,但是经过氧化后(氧化石墨烯,GO,图 10.14)边缘和表面附有大量的羧基、羟基、环氧等基团,是一种亲水性物质,也正因为这些官能团,氧化石墨容易与其他试剂发生化学反应,从而得到性质发生改变的氧化石墨烯;同时氧化石墨的层与层间距(0.7~1.2nm)也较原始石墨的层与层间距(0.335nm)大,这个特性使得它有利于其他物质分子的插层。片层氧化石墨在进行适当的超声波振荡处理之后,很容易在有机溶剂或者水溶液中分散成均匀的单层氧化石墨烯溶液,然后加入适量的还原剂可以去除附在氧化石墨表面的含氧基团。由于其简单且易于操作的工艺,还原氧化石墨方法当前已经成为各个高校或研究院所实验室制备石墨烯的最简便的方法,很多研究石墨烯的研究者都很青睐该法。尽管氧化-还原法可以以一种很低的成本来制备石墨烯,但是问题在于即使被强还原剂还原后,石墨烯的原始结构也并不能完全恢复,严重破坏了石墨烯的晶体和电子结构的完整性。这一缺点,严重限制了其在某些领域如精密的微电子领域中的应用。

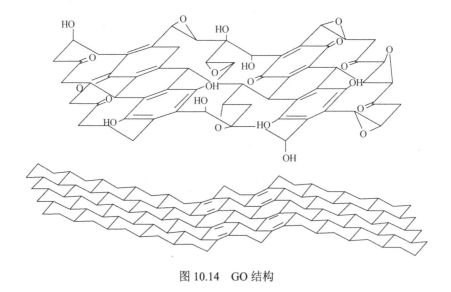

图 10.14　GO 结构

3. 化学气相沉积

目前被认为最具有工业化应用前景的制备石墨烯的方法是化学气相沉积(chemical vapor deposition,CVD)法。CVD 法是指反应物质在气态条件下发生化学反应,生成固态物质沉积在加热的固态基体表面,进而制得固体材料的工艺技术。这一过程涉及使一种或多种前体气体(通常包含所需薄膜的原子成分)通过加热炉,一起反应或与衬底反应,形成所需材料的薄层。该工艺已成功应用于石墨烯和TMDC 生长。通过控制一些参数(如气体压力和成分、温度和反应时间),可以影响薄膜的厚度、质量和成分。虽然这一过程比大多数自上而下的技术更加复杂和昂贵,但它具有高度的可扩展性,所生产的薄膜的质量接近机械剥离层的质量[38]。

最初 CVD 法制备石墨烯采用的是镍衬底,少层包括单层的石墨烯可通过控制析碳速率[38]或者生长时间而制备。后来尝试了不同的衬底,如 Ni-Mo 合金、Ru、Co 等,甚至突破性地发生在 Cu 衬底上。2009 年,美国奥斯汀大学 Ruoff 研究组[39]首次在多晶铜表面 CVD 生长出单层区域占 95%的石墨烯。铜表面生长石墨烯遵循自限制的表面催化生长机制,不仅具有高质量,而且在均一性方面更具优势,并可实现大面积样品的制备。随后,三星公司及其合作者采用 Cu 衬底成功制备出 30in 的石墨烯,并应用在触摸屏上。目前,CVD 是大规模工业制备石墨烯乃至其他二维材料的主要方法。

# 10.4 应 用

## 10.4.1 石墨烯的应用

石墨烯这一新型材料已被应用于生物医学等研究当中,如芝加哥伊利诺伊大学就通过实验证实石墨烯具有辅助治疗癌症的能力[40]。在现代医学中,光动力疗法(PDT)与光热疗法(PTT)结合被应用于癌症的治疗当中,但该方法经常受肿瘤特异性差异的限制,从而增加产生副作用的风险。Luo 等[40]研究发现,可以将纳米级氧化石墨烯(NGO)与 PDT 光敏剂(IR-808)、聚乙二醇(PEG)和支化聚乙烯亚胺(BPEI)进行化学偶联来实现靶向消灭癌细胞,同时减少对健康细胞的损害。这主要是由于 NGO 与 IR-808 等材料所形成的共轭片材在受激光(808nm)照射时会产生大量的活性氧和局部高热,这可以解决 PDT 与 PTT 在实际治疗当中因诱发局部缺氧、降温而导致治疗中断的问题。

## 10.4.2 硅烯的应用

硅的固有特性使其在电子器件应用上有很大的利用价值,包括量子自旋霍尔效应、量子反常霍尔效应、量子霍尔效应、超导、能带工程、磁性、热电效应、气体传感器、隧穿场效应晶体管(FET)、自旋滤波器和自旋 FET[41]等。在热电装置方面,硅烯具有与石墨烯相似的电子性质,即特征狄拉克锥和高载流子迁移率。

然而，由于其屈曲结构，硅烯的晶格热导率远低于石墨烯，因此，硅烯及其纳米结构在热电器件方面表现出巨大的潜力。

研究表明，可以通过改变硅烯的尺寸结构、控制边缘功能化、进行掺杂以及施加外部电场和磁场来对硅烯的性能进行调控，这些方法尤其适用于纳米电子、自旋电子和热电器件的应用[42]。在化学传感器方面，硅的特殊电子性质使其对某些气体分子具有很高的灵敏度，研究人员通过密度泛函理论（DFT）计算，系统地计算了几种常见气体分子（CO、NO、$NO_2$、$O_2$、$CO_2$、$NH_3$ 和 $SO_2$）在硅烯上的吸附。结果表明，硅烯是一种很有前途的 NO 和 $NH_3$ 的传感材料，因为这些分子在吸附于硅烯中时仍具有中等的吸附能，并伴随一定量的电荷转移以及微小的带隙开口（0.05~0.08eV），从而可以开发出基于硅的化学传感器。随着人们对便携式电子产品和电动汽车需求量的增长，锂离子电池（LIBs）逐渐被开发利用，但 LIBs 的能量密度很大程度受到电极材料容量的限制。研究人员利用硅烯作为 LIBs 中 Li 的容量主体，这主要利用了硅烯在理论上的比电荷容量比石墨高得多，且 Li 的结合能几乎与 Li 含量、硅厚度无关[43]。

硅作为性质优良的电子材料之一，一直主导着电子器件领域的发展，许多高精设备离不开对硅技术的依赖。石墨烯作为优良的导电体，以其电子移动速度大于单晶硅的优点，为研究人员开辟了新的研究思路，但可惜的是石墨烯不能在导电体与绝缘体之间自如转换，这极大地限制了石墨烯的应用范围。硅烯的出现无疑为电子材料注入新的动力。而在硅技术已较为成熟的今天，如何掌握硅技术与开发硅烯之间的平衡，还需进一步探索。

### 10.4.3  磷烯的应用

由于具有较窄带隙，磷烯目前多应用于近红外、中红外的光电探测和热电发电中。虽然一些黑磷光电探测器已经被开发，但到目前为止关于这方面的研究还处于初级阶段，因此对于磷烯的研究前景来说，还有很大的发挥空间。例如，应如何将黑磷与其他二维材料或其他半导体材料进行复合。

磷烯的原子锂化过程与 LIB 石墨相似。Li 展示了一种柱状插层机制，并且位于不同的磷烯层中[44]。理论上，磷烯之所以能成为高容量 LIBs 的良好电极材料，主要是由于：①Li 沿 Z 方向的不同聚变能垒低至 0.08eV；②磷烯可以在锂化和脱锂循环中保持其体积变化仅为 0.2%；③基于磷烯的 LIBs 可以实现较大的平均电压（2.9V）；④Li 插入将引起从半导体到金属的过渡，使材料拥有良好的导电性——经研究计算单层磷烯的理论比容量为 432.79mAh/g。

磷烯在热电领域的前景也十分优越。因为磷烯作为一种机械柔性材料，不仅可以在高温条件下高效地转换热能（约 300K），而且不需要过于复杂的工程技术。

这是由于磷烯的晶体方向是正交的,因此可以利用其固有平面内的各向异性来提高发电装置的性能。在生物医学方面,磷烯因具有良好的生物相容性以及生物降解性被应用于生物传感、诊断成像、药物传递、神经元再生、癌症治疗、三维打印支架。

与其他二维材料和石墨烯类似物相比,黑磷具有可调谐带隙、良好的载流子迁移率、优良的开关电流比、强的体内生物相容性和毒性生物降解性。性能优异、制备工艺简单的黑磷或许在未来的二维材料发展中会有更好的前景。虽然应用前景广阔,但是在衬底上生长高质量的黑磷纳米膜仍然存在一些困难,这是因为衬底中没有成核中心,这就使其在生长过程中很难控制磷的浓度,因此如何开发更好的制备方法还需深入研究。

### 10.4.4　MXenes 的应用

在光催化方面,MXenes 具有半导体结构,且在可见光区域具有光吸收和良好的催化性能。因此,它们在各种光催化反应中具有潜在的应用前景。以 $Ti_2CO_2$、$Zr_2CO_2$、$Hf_2CO_2$、$Sc_2CO_2$ 和 $Sc_2CF_2$ 等为例,由于这些材料具有优秀的半导体性能,因此可以把它们作为光催化应用的候选材料。研究表明,MXenes 与其他半导体异质结相结合可用于增强催化性能。

MXenes 所具有的金属导电性、亲水性表面、可调谐功函数等优异特性使其成为电子应用的候选材料,如电气触点、导电填料、能量收集等。在光电探测等方面,Kang 等使用 MXene-silicon 范德瓦耳斯异质结构作为自供电光电探测器。在 n 型硅(n-Si)衬底上,通过滴铸 $Ti_3C_2T_x$ MXenes 薄膜(功函数为 4.37eV)构建肖特基结,内置电场负责半导体中光诱导电子空穴对的有效分离,而 MXenes 薄膜需要适中的透明度,其中较厚的薄膜缺乏透射率,而较薄的薄膜会加速载流子在界面上的复合,因此需要通过调节 MXenes 悬浮液的浓度来控制滴铸 MXenes 膜的厚度。

MXenes 材料在电子应用方面一直备受关注,一是由于其成分是由二维过渡金属碳化物或碳化物家族构成,复杂的组织架构赋予了 MXenes 更多的可能性;二是由于该材料具有优异的导电性能和丰富的官能团、低能量屏障的金属离子扩散以及较大的离子夹层空间。但另一方面常规制备手法导致某些官能团的存在明显影响了其电子性能,其他实验方法又过于复杂,因此如何在应用与制备之间寻求平衡还需进一步探索。

### 10.4.5　$MoS_2$ 的应用

二维 $MoS_2$ 具有的优异性能使其具有非常可观的应用前景:①$MoS_2$ 用于光催

化制氢。研究表明[45]，MoS$_2$薄片 2H 相边缘的活性中心具有催化活性，除此之外大多数基底表面是不活跃的。相反，1T 相的边缘和基面都具有较高的催化活性、有效的电荷输运、抑制电子空穴复合能力。Chang 等[45]原位构建了一种二元异质结构复合 1T-MoS$_2$ 纳米片材料，并将其连续紧密地加载到 CdS 纳米棒（NRs）当中，从而达到电荷分离、提高光催化活性的目的。②太阳能驱动的光电化学（PEC）分解水是开发氢能的方法之一，但用于 PEC 水裂解系统的半导体催化剂材料不仅价格昂贵且稳定性较差。而 1T-MoS$_2$/Si 的复合异质结构被证明对 PEC H$_2$ 的产生在稳定性方面有增益效果，因此可利用 MoS$_2$ 作为 PEC 辅助材料制氢[46]。③在太阳能电池方面的应用。2D TMD 材料表现出一些独特的光电特性，这些特性适用于太阳能电池和其他光电应用。虽然 2D TMD 的带隙较窄，但具有 1.29～1.90eV 的可调谐性。因此片状 MoS$_2$ 常被用于各种容量的太阳能电池，包括空穴传输层（HTL）中。然而，这些应用大多涉及微米尺度的 MoS$_2$，因此在这一方面的应用还有待进一步开发。④作为忆阻器材料。Dragoman 等通过对和方铅矿（PbS，一种带隙为 0.4eV 的半导体，记忆效应源于电荷捕获机制）具有相同几何形状的整流器进行电测量来探索二维 MoS$_2$ 的记忆行为，并证明了二硫化钼的几何二极管可以用于横向忆阻器和光电探测器。⑤在光电二极管和光电晶体管中的应用。对于光电器件的应用而言，如何在大面积范围内获得光响应并且明确其位置敏感性至关重要，尽管石墨烯具有优良的性能，但在石墨烯基光电晶体管中，光响应仅发生在面积远小于器件尺寸的石墨烯附近，这严重制约了它在光电二极管和光电晶体管中的应用。二维 MoS$_2$ 作为一种替代的层状材料，具有发光和光吸收特性，可以克服石墨烯的缺点。图 10.15 所示为具有六方相 MoS$_2$ 纳米片、50nm 厚 Al$_2$O$_3$ 介质和 ITO 顶栅的单层晶体管在单色光下的三维模型示意图，该模型外部量子效率高达 7%，这主要归因于二维 MoS$_2$ 具有优异的带隙结构。

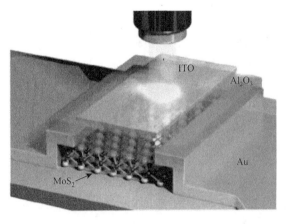

图 10.15　MoS$_2$ 单层晶体管在单色光下的三维模型示意图

# 10.5　小　　结

二维材料是只有一个维度在纳米尺寸的纳米材料，其由于超薄的特性及良好的电学、光学、热学性质，而在微纳电子、微流控、新能源、医疗、环保等众多领域有重要的应用。石墨烯是由碳原子排列成六角晶格（蜂窝状）的单原子层，最早由机械剥离的方法制备出来，是当前应用最广泛的二维材料。二硫化钼二维材料则是为了克服石墨烯的零带隙的缺陷而被开发利用，弥补了石墨烯在光电子应用中的不足。

二维材料最早也是最简单的制备方法是机械剥离法，即反复使用胶带剥离块状材料，这种方法不适合工业生产，主要在实验室中应用。液体剥离法是利用管道内液体流速的差异来冲击剥离块状材料，比较先进的方法是采用微流控设备实现，其已经应用于工业生产中。基于溶液内氧化还原反应制备二维材料简单易行，但很难保证材料结构的完好，并且与液体剥离法一样存在溶剂残留的问题。化学气相沉积法是将气态的材料化学反应后沉积在固体表面形成层状二维材料，被普遍认为是最有大工业生产前景的方法。

二维材料在生物传感的微流控方法中有新的应用，基于二维纳米材料的液滴生物传感器更灵敏、检测时间更短和试剂消耗更少，而基于二维纳米材料的微流控纸基生物传感器具有众多的优点和巨大的潜力，如便携性、低成本、快速反应、出色的选择性和敏感性等。有带隙的二硫化钼二维材料更适合于电化学应用，可被用于构建生物学免疫检测的微流控芯片，极大地提升了芯片的灵敏性。

## 参 考 文 献

[1] Novoselov K，Geim A，Morozov V，et al. Electric field effect in atomically thin carbon films[J]. Science，2004，306（5696）：666-669.

[2] Wang Y，Xu N，Li D，et al. Thermal properties of two dimensional layered materials[J]. Advanced Functional Materials，2017，27（19）：1604134.

[3] Geim A，Grigorieva I. Van der Waals heterostructures[J]. Nature，2013，499（7459）：419-425.

[4] Sandilands L，Reijnders A，Su A，et al. Origin of the insulating state in exfoliated high-TC two-dimensional atomic crystals[J]. Physical Review B，2014，90（8）：081402.

[5] Gao Q，Zhang H. Magnetic i-MXenes：A new class of multifunctional two-dimensional materials[J]. Nanoscale，2020，12（10）：5995-6001.

[6] Splendiani A，Sun L，Zhang Y，et al. Emerging photoluminescence in monolayer $MoS_2$[J]. Nano Letters，2010，10（4）：1271-1275.

[7] Lee G，Yu Y，Cui Xu，et al. Flexible and transparent $MoS_2$ field-effect transistors on hexagonal boron nitride-graphene heterostructures[J]. ACS Nano，2013，7（9）：7931-7936.

[8] Yu W，Liu Y，Zhou H，et al. Highly efficient gate-tunable photocurrent generation in vertical heterostructures of

layered materials[J]. Nature Nanotechnology, 2013, 8（12）: 952-958.

[9] Kärtner J. Zur theorie und typologie der erfolgsmedien on the theory and typology of success media[J]. Zeitschrift Für Soziologie, 2019, 48（2）: 116-135.

[10] 孙闻, 杨绍斌, 沈丁, 等. 单层石墨烯表面钠原子吸附行为的第一性原理[J]. 新型炭材料, 2019, 34（2）: 146-152.

[11] Wallace P. The band theory of graphite[J]. Physical Review, 1947, 71（9）: 622-634.

[12] Ruess G, Vogt F. Hochstlamellare kohlenstoff aus graphitoxyhydroxyd[J]. Monatshefte Für Chemie Und Verwandte Teile Anderer Wissenschaften, 1948, 78（3-4）: 222-242.

[13] Boehm H, Clauss A, Fischer G, et al. Das Adsorptionsverhalten sehr dünner kohlenstoff-folien[J]. Zeitschrift Für Anorganische Und Allgemeine Chemie, 1962, 316（3-4）: 119-127.

[14] van Bommel A, Crombeen J, van Tooren A. LEED and auger electron observations of the SiC（0001）surface[J]. Surface Science, 1975, 48（2）: 463-472.

[15] Seibert K, Cho G, Ǩtt W, et al. Femtosecond carrier dynamics in graphite[J]. Physical Review B, 1990, 42（5）: 2842-2851.

[16] Lu X, Yu M, Huang H, et al. Tailoring graphite with the goal of achieving single sheets[J]. Nanotechnology, 1999, 1099（3）: 269-272.

[17] Gan Y, Chu W, Qiao L. STM investigation on interaction between superstructure and grain boundary in graphite[J]. Surface Science, 2003, 539（1-3）: 120-128.

[18] Rani S, Naresh G, Mandal T. Coupled-substituted double-layer Aurivillius niobates: Structures, magnetism and solar photocatalysis[J]. Dalton Transactions, 2020, 49（5）: 1433-1445.

[19] Rani S, Naresh G, Mandal T. Electronic structural moiré pattern effects on $MoS_2/MoSe_2$ 2D heterostructures[J]. Nano Letters, 2013, 13（11）: 5485-5490.

[20] Li X, Han W, Wu J, et al. Layer-number dependent optical properties of 2D materials and their application for thickness determination[J]. Advanced Functional Materials, 2017, 27（19）: 1604468.

[21] Ferrari A, Meyer J, Scardaci V, et al. Raman spectrum of graphene and graphene layers[J]. Physical Review Letters, 2006, 97（18）: 187401.

[22] Ferrari A, Basko D. Raman spectroscopy as a versatile tool for studying the properties of graphene[J]. Nature Nanotechnology, 2013, 8（4）: 235-246.

[23] Rotenberg E, Bostwick A, Ohta T, et al. Quasiparticle dynamics in graphene[J]. Nature Physics, 2007, 3（1）: 36-40.

[24] Li G, Luican A, Andrei E. Scanning tunneling spectroscopy of graphene on graphite[J]. Physical Review Letters, 2009, 102（17）: 176804.

[25] Luican A, Li G, Andrei E. Quantized Landau level spectrum and its density dependence in graphene[J]. Applied Thermal Engineering, 2011, 83（4）: 041405（1-4）.

[26] 马浩, 杨瑞霞, 李春静. 层状二硫化钼材料的制备和应用进展[J]. 材料导报, 2017（3）: 7-14.

[27] Zeng Z, Yin Z, Huang X, et al. Single-layer semiconducting nanosheets: High-yield preparation and device fabrication[J]. Angewandte Chemie International Edition, 2011, 50（47）: 11093-11097.

[28] Ghatak S, Pal A, Ghosh A. The nature of electronic states in atomically thin $MoS_2$ field-effect transistors[J]. ACS Nano, 2011, 5（10）: 7707-7712.

[29] Mak K, Lee C, Hone J, et al. Atomically thin $MoS_2$: A new direct-gap semiconductor[J]. Physical Review Letters, 2010, 105（13）: 136805.

[30] Kuc A，Zibouche N，Heine T. Influence of quantum confinement on the electronic structure of the transition metal sulfide TMS2[J]. Physical Review，2011，83（24）：245213.

[31] Wang Q，Kalantar-Zadeh K，Kis A，et al. Electronics and optoelectronics of two-dimensional transition metal dichalcogenides[J]. Nature Nanotechnology，2012，7（11）：699-712.

[32] Najmaei S，Liu Z，Zhou W，et al. Vapour phase growth and grain boundary structure of molybdenum disulphide atomic layers[J]. Nature Materials，2013，12（8）：754-759.

[33] 阙海峰，江华宁，王兴国，等. 二维材料范德华间隙的利用[J]. 物理化学学报，2021，37（11）：16.

[34] Novoselov K，Geim A，Morozov S，et al. Electric field effect in atomically thin carbon films[J]. Science，2004，306：666-669.

[35] 詹晓伟. 碳化硅外延石墨烯以及分子动力学模拟研究[D]. 西安：西安电子科技大学，2011.

[36] Dreyer D，Park S，Bielawski C，et al. The chemistry of graphene oxide[J]. Chemical Society Reviews，2010，39（1）：228-240.

[37] Loh K，Bao Q，Ang P，et al. The chemistry of graphene[J]. Journal of Materials Chemistry，2010，20（12）：2277-2289.

[38] Yu Q，Lian J，Siriponglert S，et al. Graphene segregated on Ni surfaces and transferred to insulators[J]. Birck and NCN Publications，2008，93：113103-113103-3.

[39] 张伟娜，何伟，张新荔. 石墨烯的制备方法及其应用特性[J]. 化工新型材料，2010，38（S1）：15-18.

[40] Luo S，Yang Z，Tan X，et al. Multifunctional photosensitizer grafted on polyethylene glycol and polyethylenimine dual-functionalized nanographene oxide for cancer-targeted near-infrared imaging and synergistic phototherapy[J]. ACS Appl Mater Interfaces，2016，8（27）：17176-17186.

[41] Tao L，Cinquanta E，Chiappe D，et al. Silicene field-effect transistors operating at room temperature[J]. Nature Nanotechnology，2015，10（3）：227-231.

[42] Wei W，Dai Y，Huang B，et al. Many-body effects in silicene，silicane，germanene and germanane[J]. Physical Chemistry Chemical Physics，2013，15（22）：8789.

[43] Tritsaris G，Kaxiras E，Meng S，et al. Adsorption and diffusion of lithium on layered silicon for Li-ion storage[J]. Nano Letters，2013，13（5）：2258.

[44] Cui J，Yao S，Chong W，et al. Ultrafast $Li^+$ diffusion kinetics of 2D oxidized phosphorus for quasi-solid-state bendable batteries with exceptional energy densities[J]. Chemistry of Materials，2019，31（11）：4113-4123.

[45] Chang K，Hai X，Pang H，et al. Targeted synthesis of 2H- and 1T-phase $MoS_2$ monolayers for catalytic hydrogen evolution[J]. Advanced Materials，2016，28（45）：10033-10041.

[46] Liu W，Hoa S，Pugh M. Organoclay-modified high performance epoxy nanocomposites[J]. Composites Science and Technology，2005，65（2）：307-316.

# 第11章 未来展望

在微纳米尺度下如何实现对颗粒的精确操控一直是一个热门的研究领域。由于尺度微小，直接通过机械外力的方式来操控颗粒往往难以实现，或需要高精度的操作平台。通过施加外场的方式，如光场、磁场、声场来移动或实现颗粒的图案化，是更具有优势的方式。微纳尺度下的操控技术对材料科学、物理学、纳米技术、生物医学技术等领域的发展意义重大。本书就其主要技术及材料进行了详尽介绍。技术包括微流控、光镊、介电泳、自组装。涉及材料包含超疏水材料、纳米孔材料、纳米颗粒材料、压电材料、光学超构材料、二维结构材料。未来的微纳尺度精确调控技术将会在操控精度和效率上实现兼顾，对粒子的柔性和形状等复杂特性建立更为成熟的操控分选方法。

微纳尺度技术目前正处于令人兴奋的技术发展阶段，不仅使传统应用（如加速计和陀螺仪）得到发展，而且还在新兴应用（如微流体、热机电和恶劣环境传感器）中得到发展。传统的 MEMS/NEMS 已经在运动传感、导航和机器人领域得到了广泛的应用，而新兴 MEMS/NEMS 技术可能会在快速扩展的可穿戴设备、物联网、即时检测和严酷的环境监测等领域打开应用。随着系统小型化、设计创新和前沿制造技术的发展，新的应用有望为基于 MEMS/NEMS 技术的发展带来一个令人激动的时代。

21 世纪，人们不断追求条件更好更实惠的医疗保健服务、更高的生活品质和质量更好的日用消费品，并竭力应对由能源成本上涨和资源枯竭所带来的风险等"巨大挑战"。微纳尺度技术过去和现在一直都被认为在解决上述挑战方面大有用武之地，采用更少的能源与原材料，对环境友好。从短期来看，微纳制造技术不会对环境和能源成本产生重大的影响。受到当前加工技术的限制，这些技术在早期的发展阶段往往会有较高的能源成本。与此同时，微纳制造一旦成熟，将会消耗更少的能源与资源，随着创新型纳米制造技术的发展，现在对化石燃料的依存度已经开始下降了，二氧化碳的排放也在降低，大气中氮氧化物和硫氧化物的浓度也减少了。

微纳尺度技术作为一个重要议题吸引了全世界的注意，未来几年微纳尺度研究的发展前景包括以下几个方面：①微纳制造系统的设计、建模和仿真；②微器件制造工艺、生产链；③新型微纳材料的研制、应用和商业化等。